JN128396

数学の歴史

三浦伸夫

（改訂版）数学の歴史（'19）

装丁・ブックデザイン：畑中　猛

s-26

まえがき

今日，「数学」という言葉で想起されるものには，たとえば，超人的数学者によって解かれたあまりにも難解なフェルマの定理，ポアンカレ予想などもあげられるであろう．その数学は日常生活とはかけ離れているようなイメージがある．しかしながら一方では，数学は日常生活の多方面で役に立つということも自明である．数学は我々の彼方の理論的数学と身近な実用的数学との両面を持っている．では，それら両方を持ち合わせた数学とはいったい何かと問われれば，答えに窮する．その答えは歴史を通して考えてみることが出来るのではないか．

本書では，古代から近代までの西洋数学の歴史を，社会や文化も視野に入れて見ていく．数学を含めさまざまな科学や技術は決して社会や文化と無関係に生起し，発展し，衰退したものではないことがわかっていただけるであろう．西洋は東洋という存在と対になることで初めて西洋となり得た．西洋を知るためにも，別の存在であるオリエントや中世アラビア世界も視界におさめていく．さらに西洋数学の特徴を浮き彫りにするために日本の数学にも一章を割いた．

数学的アイデア誕生の現場の雰囲気をつかんでいただけるように，本書には原典からの訳文を入れたが，記号法の確立する以前の数学ではやや煩瑣な表現になったかもしれない．また従来の数学史書に登場する題材とは異なるものも多く取り入れたので，見知らぬ数学者の名前に当惑されるかもしれないが，それは他方で新鮮であろう．17 世紀以降の西洋数学は「自然科学」と密接に関係して展開してきたことは確かではある．しかしながら数学はまた古代ギリシャ時代から今日まで他の学問からは独立して展開した面もあるので，本書では紙幅の関係から物理や天文や技術との関係にはあまり触れることはしない．

数学の歴史を記述していく際に注意することがある．他の科学とは異なり，数学には背景に厳密な論理があるので，どうしても現代の視点でそれを見て判断してしまう．さらに数学をすでに出来上がったものと見てしまいがちだ．たとえば今日の関数概念は 19 世紀西洋で成立したのであるから，関数という視点でそれ以前の時代の数学を再考することは原理上出来ないにもかかわらず，今の数学を過去に照射して，過去に存在しない関数を見てしまう．我々は現代数学の亡霊に取り憑かれ，その視点で見てしまうのだ．これは歴史の現代的解釈で，避けなければならない．本書では，その時代の数学をできるだけその当時の雰囲気を残しながら見ていくことにする．

数学史研究は 20 世紀後半以降大きく進展し，今日従来の数学史記述の全面的改訂が迫られている．本書にはそういった新しい研究成果も一部取り入れており，いま何が問題になっているかという数学史研究の現場も合わせて理解していただければと思う．本書を通じて数学の歴史的展開の一端を理解するとともに，数学とは何であるかを考える機会になれば幸いである．

2019 年 3 月

三 浦 伸 夫

目次

1　古代エジプトの数学

《目標＆ポイント》 われわれは数学といえば証明に結びつけて考えるが，この厳密な論証と証明とを数学に導入したのは古代ギリシャである．ではその前の時代にはどのような数学が存在したのであろうか．古代エジプト語には数学という学問分野を示す単語はない．しかしそこには他の初期文明同様，具体的計算例からなる数学テクストが存在していた．本章では，近年の研究成果を交えながら，古代エジプトの数学形態の具体例を見ていこう．
《キーワード》 ヒエログリフ，単位分数，位取記数法，仮置法，リンド・パピルス

1.1　テクスト

古代エジプト数学とは，紀元前 3200 年頃ナイル川に都市国家ができてから紀元後 400 年頃までの，古代エジプト語で書かれた数学をさすことにする．この時代の中でも数学は，統治年代でいうと中王国（前 2055–前 1650），グレコ・ローマン期（前 332–後 395）の二つの時期に集中している．

古代エジプト数学は，主として葦の茎から作られた筆を用いて，パピルスやオストラコン（陶片や貝殻）の上に赤と黒のインクで書かれたが，その現存数はきわめて少ない．大半はパピルスに書かれているが，それは湿気に弱く，壊れやすいため保存に適していなかった．多くが当時の都市部である湿気の多いナイル川流域で書かれたことも，資料の少ない理由の一つだと言える．またこれらテクストは 19 世紀後半以降に発見

されたが，当初は学術調査目的で発見されたのではなく，投機目的で骨董市場に出回ったものも多い．発見地などの記録がなく，いつ頃書かれたかの判定が困難なものもある．

古代エジプト数学は，古代エジプト語で古代エジプト文字を用いて書かれている．文字はすでに紀元前 3000 年頃成立し，その後次の 3 種の文字が使用された．

ヒエログリフ　　（聖刻文字）
ヒエラティック　（神官文字）
デモティック　　（民衆文字）

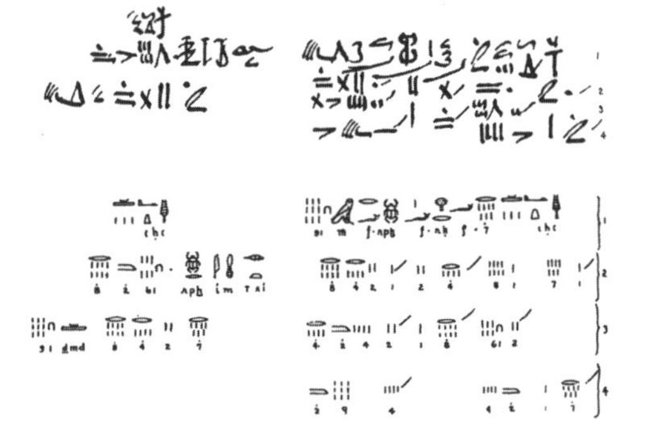

ヒエラティックによるリンド・パピルスのテクスト（上）と，そのヒエログリフによる翻字（下）

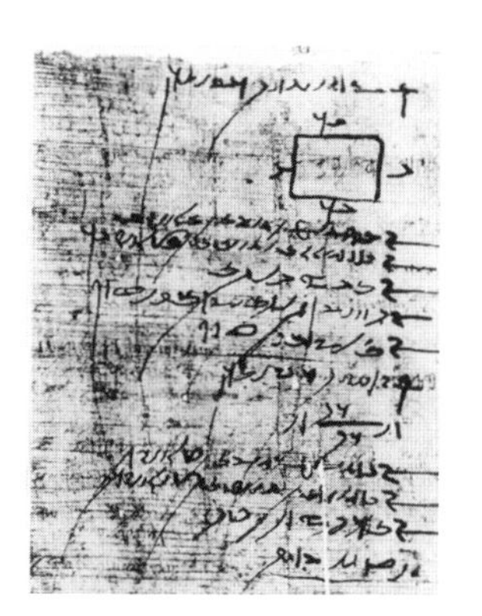

デモティックによる数学パピルス（右上の長方形は縦 10，横 12 と表記

多くの人になじみのあるのがヒエログリフ，それをくずしたものがヒエラティックで，両者は今日の印刷体と筆記体に対応すると言えよう．それらは古くから存在するが，他方デモティックはそれらよりも新しく，しかも本来の姿がわからないほど前二者から変形している．

古代エジプト数学は書かれた時期に応じて分類できる．中王国期の紀元前 1800 年頃には，モスクワ・パピルス，リンド・パピルス，ベルリン・

パピルス，ラフーン・パピルス等が，ヒエラティックで右から左向きに書かれた．

後代にはデモティックで書かれたパピルス（前300頃）もあり，大半はかつての中王国期の問題をそのまま扱っているが，なかにはバビロニア数学の影響がみられるものもある．しかも古代ギリシャ数学とも時代・地域が重なっていることに注意しよう．

テクストの文字や数字の形は筆記者個人に依存することも多く，テクストに応じて解読せねばならない．今日では学術研究上ヒエラティックをヒエログリフに翻字して解釈することになっている．

1.2 リンド･パピルス

エジプト数学の代表的テクストはリンド･パピルスである．これはスコットランド人リンド（1833-63）が1858年にルクソール（古代エジプトの都市テーベ）で入手したもので，大きさは32cm×5.13mである．大半は大英博物館に保存されている．それはイアフ・メス（英語ではアーメス）という名の書記が紀元前1550年頃書き写したものだが，オリジナルは紀元前1800年頃に書かれ，現存する古代エジプト数学の問題群の大半をこのテクストが占めるきわめて重要な資料で，古代エジプト数学と言えばこのリンド・パピルスで代表させることが多い．中王国期の数学はこのほかモスクワ･パピルスもある．これはゴレニシェフ（1856-1947）が1893年にエジプトで購入したもので，現在モスクワの国立プーシキン美術館に所蔵されている．

エジプト数学のテクストは，その内容から，表テクストと問題テクストに分類できる．

表テクストは単なる数字の羅列で，それが何を意味するかは通常示されていないが，分数計算に使用された $\frac{2}{N}$ 表（**1.4** 参照）や各種の度量衡換算表が含まれる．

問題テクストは具体的問題とその解法から構成され，そこにはある種の記述形式が存在する．リンド・パピルスにおけるそれを見ることで，古代エジプト数学の特徴を探求することにしよう．

まず問題の提示があり，これのみは赤で示され，黒で書かれた他と区別される．問題と計算はすべて具体的数値からなり，一般的な解法は示されない．計算の結果はしばしば証明（シティ）という名の下に，検算によって答（解法ではない）が正しいことが示される．エジプト数学は本質的に算術的であり，幾何学的ではない．したがってその検証は数値を確かめるという検算の形をとり，ギリシャ的な幾何学的論証の形をした証明とは異なる．最後は「その合計（デメジュ）は〜である」という言葉で問題が終わる．

1.3 数字と計算法

我々の今日の記数法は 10 進位取り記数法で，10 個の数記号を位に置いてすべての数を表記することができる．他方古代エジプトでは，10 進法ではあるが位取り記数法ではないので，位が上がるごとに新しい数記号を必要とした．したがってゼロ記号は必要ない．

数は位の高いほうから順に書かれ，同じ数字が書かれるときは 2，3 段に並べられることもある．通常向きは右から左だが，本書では日本語に合わせて左から右に書くことにする．

グレコ・ローマン期になると，たとえば 6 万を表す場合，従来の方式の 1 万という記号を 6 個並置するというのではなく，6 を 1 万の前に置いたり，6 を 1 万の上に書いたりして，6×1 万を示す方法に発展していく．緩慢ではあるが表記法は時代とともに簡略化していったことに注意しよう．

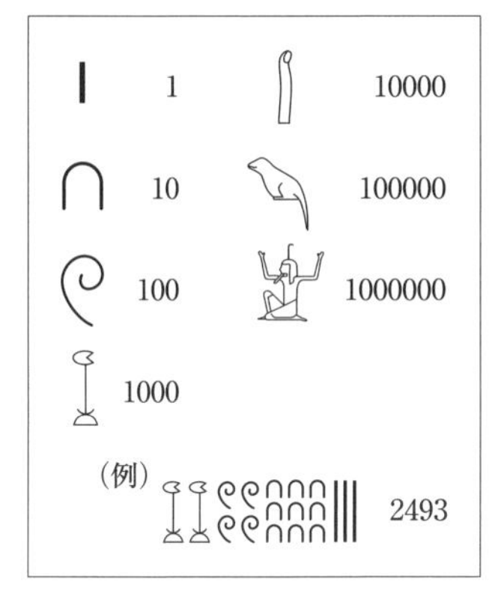

ヒエログリフの数字

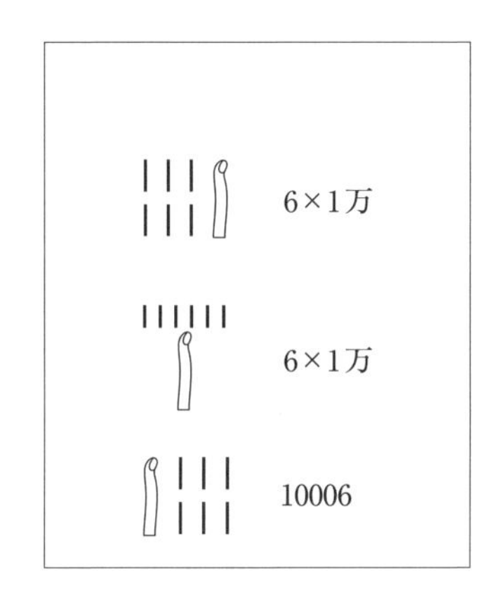

グレコ・ローマン期のヒエログリフ数表記

この表記法は加法的であることが特徴で，加法とその逆の減法の演算に適している．乗法・除法は加法・減法を複数回行うことなので，後者に還元でき，それをより簡単にするため二倍法・二分法，そして十倍法，十分の一法が取り入れられた．

たとえば乗法 75×53 は

✓	1	75
✓	2	150
✓	10	750
	20	1500
✓	40	3000

と書かれる．ここで左欄に注目し，加えて 53 になるのは 1＋2＋10＋40 なので，それに対応する右欄の数を加えて 3975（＝75＋150＋750＋3000）を求める．

除法はその逆になる．3975÷75 の計算では右欄に注目し，今度は 75＋150＋750＋3000＝3975 なので，それに対応する左欄の数を加えればよい．しかしうまくできないこともあり，さまざまな工夫が必要であった.

エジプト数学には量（アハ）を求める問題がたくさんあり，これは今日「アハ問題」と呼ばれている．ここではリンド・パピルス問題 24 を見てみよう．そこでは求める値を仮に置いて，あとで調整して正しい答を出す「仮置法」が見て取れる．

ある量にその $\frac{1}{7}$ を加えると，19 になる．（その量とはいくつか.）

（その量を 7 と仮に置け.）

✓	1	7
✓	$\frac{1}{7}$	1

（合計　8）

（8 に掛けて 19 が得られる数を求める.）

	1	8
✓	2	16
	$\frac{1}{2}$	4
✓	$\frac{1}{4}$	2
✓	$\frac{1}{8}$	1

（合計　$2\,\frac{1}{4}\,\frac{1}{8}$）

（$2\,\frac{1}{4}\,\frac{1}{8}$ を 7 に掛ければ求める量が出る.）

✓	1	$2\,\frac{1}{4}\,\frac{1}{8}$

✓　2　　$4\frac{1}{2}\frac{1}{4}$

✓　4　　$9\frac{1}{2}$

（合計　7）

このような手順による．

（求める）量は $16\frac{1}{2}\frac{1}{8}$．（その）$\frac{1}{7}$ は $2\frac{1}{4}\frac{1}{8}$ で，合計19になる．

（ゆえに正しい．）*1

ここで分数の並置は加法を示す．現代式を用いて示してみよう．$ax=b$ のとき，仮に $x=x_0$ と置く．そのとき $ax_0=b_0$ とする．よって，$\frac{ax}{ax_0}=\frac{b}{b_0}$ より，$x=\frac{b}{b_0}\times x_0$．こうして a に依存せず答が得られるのである．

1.4 単位分数

日常生活では，分配する場合に1より小さな部分を表す数が必要とされることがある．それら小さい数の表記法には古代エジプト独特なものがあり，単位分数法と補助単位法の二つがある．

単位分数とは分子が1の分数を言う．数字の上に口型の文字（⬭：エルと発音）を置くと，その数の単位分数となる．多くの記号からなる数字の場合は，上位の数のみに⬭が付けられる．

今日とは異なり，以上の表記には分母分子概念がないことに注意しよ

＊1　括弧内は原文にはなく，訳文を補ったものである．本章の『リンド・パピルス』からの引用はすべてA.B.チェイス『リンド数学パピルス』（29ページの参考文献参照）を利用した．ただし一部変更した箇所もある．

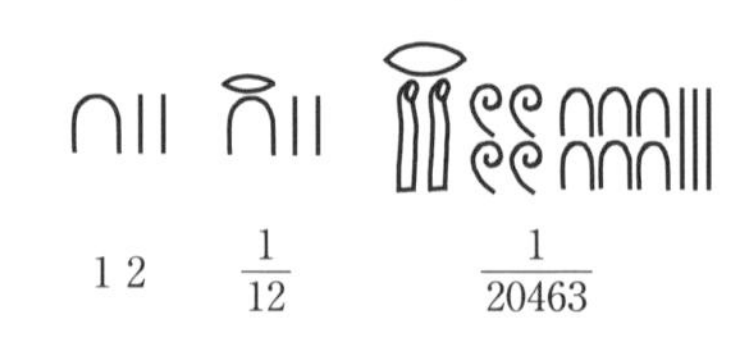

単位分数

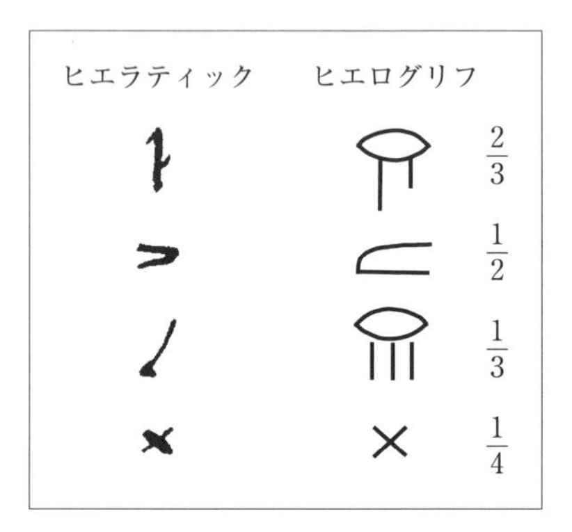

特殊な分数表記
（ヒエログリフのみ左から右向き）

う．したがって正確には分数というわけではない．今日では$\bar{3}=\frac{1}{3}$のように，数の上にバーを付けて翻字することもある．ただし他の多くの文明と同じように，使用頻度の高い分数には例外的な記号があり，$\frac{2}{3}$（$\bar{\bar{3}}$と翻字），$\frac{1}{2}$，$\frac{1}{3}$，$\frac{1}{4}$がそうである．

すると次に単位分数の多倍（$\frac{n}{m}$の形）をいかに示すかが問題となる．その際，異なる単位分数を並置し，その和で示す方法がとられた（たとえば$\frac{3}{4}$は$\frac{1}{2}\ \frac{1}{4}$）．そこには，分母の小さいほうを前に置くこと，使用する単位分数はできるだけ少なくすることなど，暗黙の規則があったようである．ただし複数の表記法が可能なことへの理解はなかった＊2．

さて$\frac{2}{5}$を示したい場合，$\frac{1}{5}$を2つ並べて書くことは認められず，$\frac{1}{3}\ \frac{1}{15}$と書いた．ではこの分解はどのようにして見出されたのであろうか，推測してみよう．

今日，たとえば$\frac{5}{7}$は，5÷7であり，5：7であり，また$0.\dot{7}1428\dot{5}$なる

＊2　たとえば$\frac{13}{20}$は，$\frac{1}{2}\ \frac{1}{7}\ \frac{1}{140}$，$\frac{1}{2}\ \frac{1}{8}\ \frac{1}{40}$等と表せる．

循環小数でもある．しかし古代にあっては，数は事物とは独立しては存在せず，つねに具体的なモノの個数を表すにすぎなかった．したがって，この分数は，5 個のモノを 7 人で分ける，というように理解されていた．すると，5 の中には 7 はないので，5 個のモノをそれぞれ半分にして 10 個にし，それらを 7 人で分ける．すると一人にとりあえず $\frac{1}{2}$ 個が行き渡る．あと 1 個半残っているので，1 個を今度は 6 等分して，一人が $\frac{1}{6}$ 個ずつ得る．残りは 1 個の $\frac{1}{3}$ であり，これを最後に 7 人で分けるので，一人は $\frac{1}{21}$ 個の分け前となる．したがって，一人あたり総計として，$\frac{1}{2}$ と $\frac{1}{6}$ と $\frac{1}{21}$ とが分け前となる．以上の考え方からは今日の単位分数しか現れず，これを現代では，$\frac{5}{7}=\frac{1}{2}+\frac{1}{6}+\frac{1}{21}$ と表記する．この考え方では，分割する際に最初に大きな数がくるので，その数のおおよその大きさが分かるという利点がある．

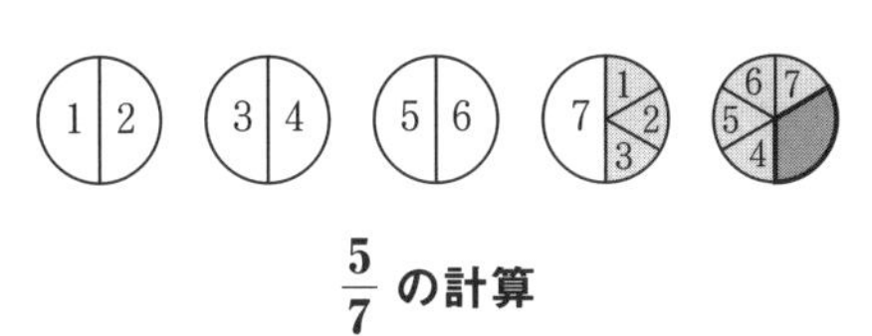

$\frac{5}{7}$ の計算

ところで古代エジプト数学で用いられる分数は，単位分数だけかというと実はそうではない．紀元前 300 年頃のパピルスには，$\frac{5}{6}$，$\frac{2}{3}$ に対するデモティック数表記が見られ，さらに $100\div15\frac{2}{3}$ の計算途中で $\frac{6}{47}$，$\frac{39}{47}$ などに対応する表記も用いられている．後者では，分母分子が併置され，区別するためどちらかに下線が引かれ，分母分子概念が芽生えていたと考えられる．

次に補助単位法を見てみよう．それは，度量衡単位を補助的に導入して小さい数を示す方法である．たとえば，長さの単位は，1 メフ＝7 シェセプ＝24 ジェバァなので*3，$\frac{5}{24}$は 5 ジェバァと表されるなどである．しかしながら，少なからずの補助単位は 10 進法ではなかったため，そこにはさらに換算が必要であった．

分数計算において 2 倍する場合，分母が偶数であれば約分できるので問題ないが，奇数の場合が問題となる．$\frac{1}{15}$ を 2 倍する場合 $\frac{2}{15}$ となるが，これは単位分数ではないからそもそも表記できない．したがって，計算にすぐさま使用できるように，あらかじめ $\frac{1}{N}\times 2$ を単位分数に分解した計算過程が示された．ここではその計算結果を $\frac{2}{N}$ 表と言うことにする．リンド・パピルスでは N が 3 から 101 までの奇数の $\frac{2}{N}$ 表が，ラフーン・パピルスでは，そのうち 3 から 21 までの奇数の $\frac{2}{N}$ 表が掲載されている．

いまここで $\frac{2}{N}$ 表を見ておこう．

第 2 行目は $\frac{1}{3}+\frac{1}{15}=\frac{1}{5}\times$

N	$\frac{2}{N}$
3	$\overline{\overline{\mathbf{3}}}$ 2
5	$\overline{\mathbf{3}}$ 1 $\overline{\overline{3}}$ $\overline{\mathbf{15}}$ $\overline{3}$
7	$\overline{\mathbf{4}}$ 1 $\overline{2}$ $\overline{4}$ $\overline{\mathbf{28}}$ $\overline{4}$
9	$\overline{\mathbf{6}}$ 1 $\overline{2}$ $\overline{\mathbf{18}}$ $\overline{2}$
11	$\overline{\mathbf{6}}$ 1 $\overline{\overline{3}}$ $\overline{6}$ $\overline{\mathbf{66}}$ $\overline{6}$
13	$\overline{\mathbf{8}}$ 1 $\overline{2}$ $\overline{8}$ $\overline{\mathbf{52}}$ $\overline{4}$ $\overline{\mathbf{104}}$ $\overline{8}$
15	$\overline{\mathbf{10}}$ 1 $\overline{2}$ $\overline{\mathbf{30}}$ $\overline{2}$
17	$\overline{\mathbf{12}}$ 1 $\overline{3}$ $\overline{12}$ $\overline{\mathbf{51}}$ $\overline{3}$ $\overline{\mathbf{68}}$ $\overline{4}$
95	$\overline{\mathbf{60}}$ 1 $\overline{2}$ $\overline{12}$ $\overline{\mathbf{380}}$ $\overline{4}$ $\overline{\mathbf{570}}$ $\overline{6}$
97	$\overline{\mathbf{56}}$ 1 $\overline{2}$ $\overline{8}$ $\overline{14}$ $\overline{28}$ $\overline{\mathbf{679}}$ $\overline{7}$ $\overline{\mathbf{776}}$ $\overline{8}$
99	$\overline{\mathbf{66}}$ 1 $\overline{2}$ $\overline{\mathbf{198}}$ $\overline{2}$
101	$\overline{\mathbf{101}}$ 1 $\overline{\mathbf{202}}$ $\overline{2}$ $\overline{\mathbf{303}}$ $\overline{3}$ $\overline{\mathbf{606}}$ $\overline{6}$

$\frac{2}{N}$ **表**（太字は赤で示されている）

＊3　メフは腕尺，キュービットとも言い，約 52.5 センチメートル．

$\left(1+\frac{2}{3}\right)+\frac{1}{5}\times\frac{1}{3}$ を示す．ここから $\frac{2}{5}=\frac{1}{3}+\frac{1}{15}$ が読み取れる．すなわちここでは2を，$1+\frac{2}{3}$，$\frac{1}{3}$ に二分して考えているのである．13の場合は，2を $1+\frac{1}{2}+\frac{1}{8}$，$\frac{1}{4}$，$\frac{1}{8}$ に三分し，$\frac{2}{13}=\frac{1}{8}+\frac{1}{52}+\frac{1}{104}$ となる．

1.5　ピラミッド問題

古代エジプトでは，高さはpr-m-ws（ペル・エム・ウス）で示され，これは「ウスから真っ直ぐに昇るもの」を意味した．これがギリシャ語でピュラミスとなり，そこからピラミッドという語が成立したと言われている．なお古代エジプト語では，ピラミッドそのものはmr（メル）という．ここではピラミッドに関する問題から2題を見ておこう．

ピラミッドのヒエログリフ表記

(i)　**切頭ピラミッド**（モスクワ・パピルス問題14）

もし誰かが汝に，高さ6，底辺4，
頂上の辺2のピラミッドと言うなら，
この4を平方せよ．結果は16．
4を2倍せよ．結果は8．
この2を平方せよ．結果は4．
この16に8と4を加えよ．
結果は28．6の $\frac{1}{3}$ をとれ．結果は2．
28を2倍せよ．結果は56．
見よ．56．正しいと分かる．

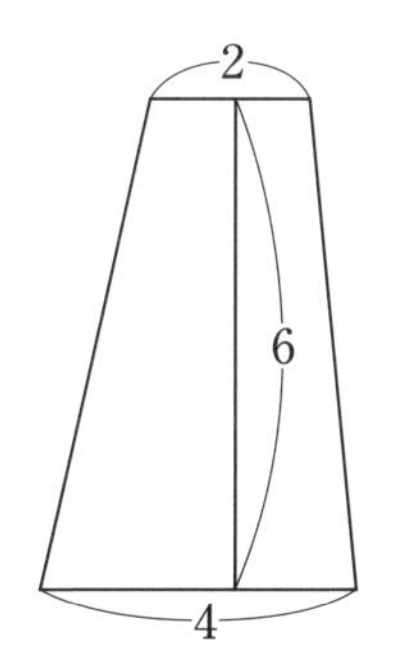

切頭ピラミッド

これを現代表記すると，底辺の正方形の１辺が a，頂上の正方形の１辺が b，高さが h の切頭ピラミッドの体積 V は，

$$V=\frac{h}{3}(a^2+ab+b^2).$$

一般的表記法がなく問題自体は具体的であるが，実際にはこのように公式として理解していたと考えてよいであろう．ただし，この正しい式がどのようにして得られたかについては今日多くの議論がある．

(ii) セケド問題

ピラミッド問題の多くはセケドを求めるものである．セケド (sqd) とは「建てる」(qd) から出た言葉で，底辺から１単位の長さで立てられた垂線への斜面の逸れを示すとされている．それに言及した中王国期のテクストがあるが，この考え方はすでに古王国期から存在したと考えられている．リンド・パピルス問題 56 を見ておこう．

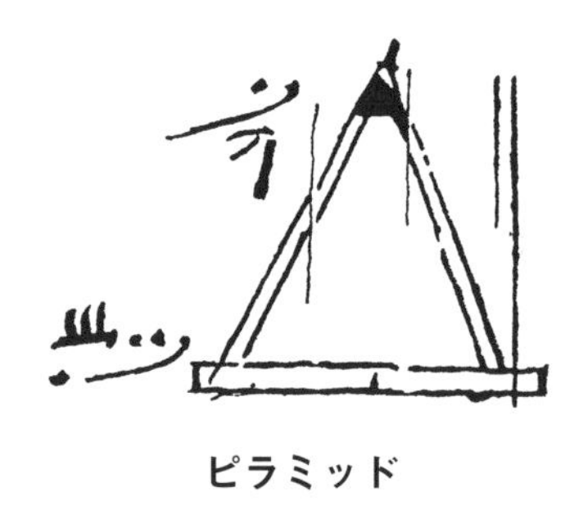
ピラミッド

底辺の１辺が 360，その高さが 250 のピラミッドを計算する問題．そのセケドを私に知らせよ．

360 の $\frac{1}{2}$ をとれ．それは 180 となる．250 を掛けて 180 となるようにせよ．それは１メフの $\frac{1}{2}\ \frac{1}{5}\ \frac{1}{50}$ になる．ところで１メフは７シェセプ．よって７を $\frac{1}{2}\ \frac{1}{5}\ \frac{1}{50}$ に掛けよ．

	1	7
✓	$\frac{1}{2}$	$3\ \frac{1}{2}$
✓	$\frac{1}{5}$	$1\ \frac{1}{3}\ \frac{1}{15}$
✓	$\frac{1}{50}$	$\frac{1}{10}\ \frac{1}{25}$

そのセケドは，$5\frac{1}{25}$ シェセプである．

ここでなされていることを示すと，250 に掛けて 180 となるものがセケドである．つまり，$180\div250=\frac{1}{2}+\frac{1}{5}+\frac{1}{50}$（メフ）となり，1 メフ$=7$ シェセプなので，$\left(\frac{1}{2}+\frac{1}{5}+\frac{1}{50}\right)\times7=5\frac{1}{25}$ シェセプとなる．

底辺の 1 辺を a，高さを b，セケドを s とするピラミッドの場合，問題 56 は，a，b が与えられたときの s を求める問題であり，続く問題 58, 59，60 も同じ部類の問題である．現代表記すると $\frac{a}{2}:b$ の比であり，角 α の余接を示すことになるが，もちろんエジプトに角度の概念はない．右図のように，セケドは建造物の石材の大きさを計測するために用いられたのであろう．

以上問題を二つ見たが，これらはともに図形の問題なので幾何学問題に分類されるかもしれない．しかしそこに幾何学的証明はなく，具体的数値計算のみが行われている．この意味では，エジプト数学は幾何学を扱うといえども算術計算であったということが確認できる．

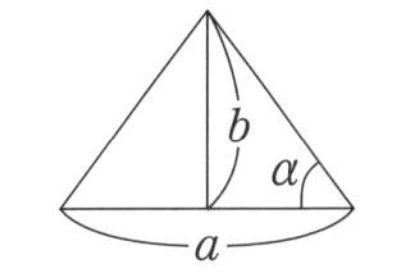

ピラミッドの断面

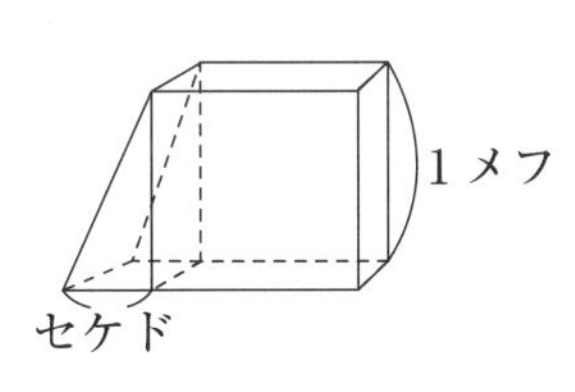

セケド

1.6 円周率？

古代エジプトの円周率はいくつであろうか．それを見るために，リンド・パピルス問題 50 を取りあげよう．

（直径）9 ケトの円い土地を計算する例．

汝はその $\frac{1}{9}$ である 1 を引く．残りは 8 である．汝は 8 に 8 を掛ける．

それは 64．これは土地の単位で，64 セチャト．

（これを）次のように行う．

1	9
$\frac{1}{9}$	1

それからそれを引け．残りは 8.

	1	8
	2	16
	4	32
√	8	64

それは土地 64 セチャト．

円の図

円内部の数は 9 ケト

直径 d（ここでは 9）の円に対して，その面積は $\left(\frac{8}{9}\right)^2 d^2$，つまり $\frac{\pi}{4}\cdot d^2$ で与えられている．これを解釈して，エジプトの円周率は $\frac{8^2\cdot 4}{9^2}=\frac{256}{81}$ ≒3.1605 であるとみなされることがあるが，もちろんエジプトには円周率という概念そのものはない．しかし何らかの比があることは理解されていたようである．

数の羅列にすぎない次の問題48もそのように理解できる．

この問題の冒頭には図形が描かれている．それはかなりおおざっぱなもので，内部に9なる数値が書かれ，正方形には7角形あるいは8角形が内接しているように見える．その下には8×8と9×9の計算が見え，先の問題50から判断すると，一辺8の正方形と直径9の円$\left(\frac{8}{9}\cdot 9\right)^2$との面積が等しいことを示しているようである．

さらにリンド・パピルス問題41は，直径9，高さ10の円筒形の容器の容積を求める問題で，ここでも円の面積は$\left(\frac{8}{9}d\right)^2$で表されている．

円の計測

こうしてリンド・パピルスでは$\left(\frac{8}{9}d\right)^2$が重要になるが，しかしながら，ここにエジプトの円周率が示されるわけではないことは強調しておく*4．

では$\frac{8}{9}$はどこから来たのか．それを推測するには付けられた図が参考になる．この図はよく見ると内接7角形ではなく8角形とも見えなくはない．すると9の正方形に内接するいびつな8角形は，63 $(=9\times 9-3\times 3\times \frac{1}{2}\times 4)$ となり，円はそれより少し大きいということで64

＊4　時代錯誤を承知で計算すると，たとえば現存ピラミッドの数値から，結果的には円周率は3.1428571が用いられているようであり，以上から得られる値とは異なる．

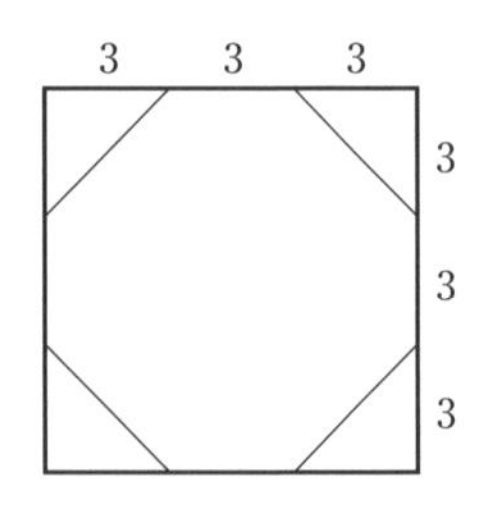

とする．つまり $64=\pi\left(\frac{9}{2}\right)^2$ として，先と同じく，$\left(\frac{8}{9}d\right)^2$ が重要になる．

これは一つの仮説にすぎないが，ここで問題となっているのは，半径ではなく直径であること，また直径と円周の長さの関係ではなく，直径と面積の関係であることである．その意味でも，円周率というものの本来の概念とは異なると言えよう．

ここでは9が問題となっている．リンド・パピルス問題41，48，50でも円の中に9という数字が書かれており，9はエジプトでは特別な数であったのかもしれない．実際，エジプトでは，3が最初の複数であり（2は双数），9つまり3の3倍は，最初の複数の最初の複数倍なのである．

1.7　文化的背景

古代エジプトには数学者という専門職があったわけではなく，行政を担当した書記（セシュ）がその職に必要な計算を行い，数学テクストを書いた．リンド・パピルスは若い書記に数学を教えるためのテクストであったのかもしれない．そこで提示されている問題の大半は，日常で遭遇する具体的実用問題である．すなわち報酬配分，ビール生産，労働，建築現場などにおいて，人民を管理するための問題である．したがって，そこにはその時代の最高の数学が現れているわけではない．神殿やピラミッドなど正確な計測に基づいた多くの巨大建造物，また壁画における人体比例図の存在から，古代エジプトにはリンド・パピルスのレヴェルを超えた高度な数的処理法が存在したと想定されるが，現在のところそれを記述した資料は発見されていない．

古代エジプト数学を見るには，いわゆる数学テクストだけではなく，さらに経済テクスト，建築テクストも考察対象としていかねばならない．ただしそれらの大半は数値のみの表で，また背後の数学的知識を読み取りにくい欠点もある．ライスナー・パピルス（紀元前1950年ころのもので，エジプト研究者ライスナーが発見）はなかでも整っており，建築に関する計算表や労働者の俸給配分計算表がみられ，計算の適用の実際がうかがえる．

こうして古代エジプト数学は，具体的実用的な数値計算を行う計算術であったと言うことができる．現存資料に関する限り，そこには数秘術など神秘的要素は存在せず，また天文学への応用も見られず，後者の点では数理天文学の発展したバビロニア数学に比べると著しく異なる．しかし古代エジプト数学はそれだけではない．現実を超えた問題もリンド・パピルスには少なからず見られる．たとえば問題63は，700個のパンを $\frac{2}{3}$，$\frac{1}{2}$，$\frac{1}{3}$，$\frac{1}{4}$ の割合で4人に分ける問題であるが，この数値は最初の4つの単位分数そのままで興味深い．また問題79は，現代的には公比7の等比数列の和の問題のように読める．

財産目録

家	7
ネコ	49
ネズミ	343
エンマコムギ	2401
ヘカト	16807
合計	19607

問題　79

単調な計算問題に色どりをそえたのであろう．

最後に古代エジプト数学の影響関係を見ておこう．エジプトではバビロニアに比べて民族がぶつかり合う場面は少なかった．そのため他の文明圏の数学からの影響は少なかったと思われる．しかしエジプトがペルシャの支配下になって以降（前525以降），図形計算などにわずかではあるがバビロニア数学の影響がみられる．他方，古代エジプト数学は初期ギリシャ数学に何らかの影響を与えたのでは，とギリシャ側の資料から推定される．しかし古代ギリシャ数学と古代エジプト数学とは，数学自体の研究目的，数学に携わる人々の社会層などその数学形態は著しく異なることに注意しておこう．

学習課題

(1) $\dfrac{2}{19}$ を単位分数分解してみよう．

(2) 28×59，19÷8 をエジプト式で計算してみよう．

(3) 古代エジプトになぜ円周率がなかったのか考えてみよう．

(4) 52031 をヒエログリフの数字で書いてみよう．

参考文献

・A. B. チェイス『リンド数学パピルス：古代エジプトの数学』（吉成薫訳），朝倉書店，1985（2006）．

古代エジプト語原典からの貴重な日本語訳．編纂者チェイスによる解釈も翻訳されている．

・伊東俊太郎『ギリシア人の数学』，講談社学術文庫，1990（『伊東俊太郎著作集』第2巻，麗澤大学出版会，2009 に所収）．

古代数学を原典に即して比較検討したもの．

・ジョルジュ・イフラー『数字の歴史：人類は数をどのようにかぞえてきたか』（彌永みち代，丸山正義，後平隆訳），平凡社，1988．

古来の数字に関する百科的参考書．

・アンドレ・ピショ『科学の誕生』（上下）（山本啓二訳），せりか書房，1995．

古代科学を扱った総合的参考書で，（上）はエジプト数学にも詳しい．

・三浦伸夫『古代エジプトの数学問題を解いてみる』，NHK 出版，2012．

・デービッド・レイマー『古代エジプトの数学』（富永星訳），丸善出版，2017．

図版が豊富でわかりやすく計算法が学べる．

2 古代ギリシャの数学

《目標＆ポイント》 古代ギリシャ数学と言えばピュタゴラスやアルキメデスが思い浮かぶであろう．しかし我々の知る彼らについての話は真偽が織り混ざったものなのである．ここでは彼らを含めて古代ギリシャ数学全般を歴史資料から見ると同時に，古代ギリシャ数学の巨人アルキメデスとアポロニオスの数学の特徴に触れる．
《キーワード》 マテーマティカ，ピュタゴラス，円錐曲線，アルキメデス，アポロニオス

2.1 古代ギリシャ数学とは

ここでいう古代ギリシャ数学とは，ギリシャ語（もちろん方言や様々な関連言語を含めて）で書かれた古代（および一部は中世）の数学とし，次のように時代を3分割する．

初期（前600-前500）：タレスやピュタゴラスの時代であるが，この時代の業績の大半は後代の伝承や引用でしか確認できず，確かなことが言えないのが実情である．彼らが活躍したのはギリシャ本土というよりは，イオニア（現トルコ南西部エーゲ海沿岸地域）や南イタリアであり，古代ギリシャ数学という言葉には注意する必要がある．

盛期（前440-後500）：通常古代ギリシャ数学といえばこの時代を指す．キオスのヒポクラテス，エウクレイデス，アルキメデス，アポロニオス，プトレマイオス，パッポス，アレクサンドリアのテオンなど錚々たる数学者が活躍した時代である．当初はアテネ，そして後半の大半はアレク

サンドリアが中心となる．女性数学者ヒュパティアの死（415）の頃をおおよそこの時代の終焉とする．

ビザンツ期[*1]（500-1450）：皇帝ユスティニアヌス1世（在位527-65）によるプラトンの創設したアカデメイアの閉鎖（529）の後，アテネやアレ

初期
（イオニア，南イタリア）

−585	タレス
−530	ピュタゴラス
	ゼノン（前488頃-）

盛期
（アテネ，アレクサンドリア）

−440	キオスのヒポクラテス
	デモクリトス（前460頃-前370頃）
−380	プラトン（前427-前347）
	エウドクソス（前390頃-前337頃）
−350	（アリストテレス）（前384-前322）
	メナイクモス（前380頃-前320頃）
−320	エウデモス
−300	エウクレイデス
−250	アルキメデス（前287頃-前212）
−240	アポロニオス
0(?)	ヘロン
150	プトレマイオス（100頃-170頃）
	イアンブリコス（250頃-330頃）
250(?)	ディオファントス
320(?)	パッポス
370	アレクサンドリアのテオン
400	ヒュパティア（-415）
450	プロクロス（412-485）

ビザンツ期
（コンスタンティノポリス）

500	エウトキオス（480頃-）
	イシドロス
	シンプリキオス
850	レオ（790頃-869）
1050	ミカエル・プセルロス
1290	プラヌデス
1310	バルラアム

古代ギリシャ数学者年表

＊1　東ローマ帝国時代を指す．そこでは数学は主としてギリシャ語でなされていた．ギリシャ語でビュザンティオン，英語ではビザンティン，ラテン語ではビザンティウムと言うが，ここでは史学で一般的な呼び方であるドイツ語のビサンツを採用しておく．

クサンドリアにおける学問は衰退し，数学の中心地はコンスタンティノポリス（現イスタンブール）に移る．盛期ギリシャ数学がこの時代に（シリアを通じて）アラビア世界，そしてルネサンス期イタリアに伝達され，ともにその地で古代ギリシャ数学復興を引き起こすことになった数学伝承上きわめて重要な時代である．ただし1300年頃には，プラヌデス，バルラアムなどわずかな例外を除き数学研究はおおかた終わっている．

2.2 マテーマティカ

今日の英語で数学を意味するmathematicsは，古代ギリシャのマテーマティカ（*μαθηματικά*）に起源をもつ．それは「学ぶ」を意味する動詞マンタノー（*μανθάνω*）に由来し，「学ばれるべきこと」つまり学問を意味した．ピュタゴラス学派はこれを数論と幾何学を合わせたものを呼ぶときに用い，この数学には，算術，幾何学，計算術，計測学（面積や体積を求める），光学，音楽，機械学，天文学の8部門が含まれている．このように古代ギリシャでは，マテーマティカは学問の中でもとりわけ数学を指し，狭義の数学は算術と幾何学であるが，広義には以上の8部門を含めた数理科学であった．この分類で言うと，古代ギリシャ数学者で最も重要な3人，エウクレイデス，アルキメデス，アポロニオスは皆広義の数学者，つまり数理科学者であったことに注意しなければならない．

幾何学はゲオーメトリア（*γεωμετρία*）で，ナイル川の土地（ゲー）を測量（メトレオー）することに由来し，算術はアリトメーティケー（*ἀριθμητική*）で，単位1を超える自然数を意味するアリトモス（*ἀριθμός*）に由来する．これらのギリシャ語は今日の英語のgeometryとarithmeticに残っている．ところでここで言う算術は，通常は数そのものの性質（偶奇数，完全数など）を扱う理論的（さらに形而上的）分野であるが，他方ロギスティケー（*λογιστική*）と言われた計算術も他に存在し，こちらは算術に比べて低く見られた．

ところで,「単位とは存在するものの各々がそれによって1と呼ばれるもの」(エウクレイデス『原論』第7巻定義1)であり,「数とは単位からなる多である」(第7巻定義2)ので,ギリシャでは,数とは2に始まる自然数であり,1は数ではないと考えられていた.この数概念は西洋では16世紀ころまで基本的に支持されていたといえる*2.

2.3 記数法

古代ギリシャにはいくつかの記数法はあったが,普及したのはアルファベットを用いた10進法による文字数字である.

ギリシャ文字24文字と,ディガンマ(ϛ),コッパ(ϙ),サン(ϡ)のフェニキア文字3つに数値を割りあて,999まで書ける.1000以上は

1	2	3	4	5	6	7	8	9
α	β	γ	δ	ε	ϛ	ζ	η	θ
10	20	30	40	50	60	70	80	90
ι	κ	λ	μ	ν	ξ	o	π	ϙ
100	200	300	400	500	600	700	800	900
ρ	σ	τ	υ	ϕ	χ	φ	ω	ϡ

1000	2000	3000	4000	5000
͵α	͵β	͵γ	͵δ	͵ε

10000	20000	30000	
$\overset{\alpha}{\mathrm{M}}$	$\overset{\beta}{\mathrm{M}}$	$\overset{\gamma}{\mathrm{M}}$	…

ギリシャの文字数字

＊2　西洋でこの概念を初めて打ち破ったのはオランダの数学者ステヴィン(1548-1620頃)である.彼は『算術』(1585)で,「数とは,それによって各々のものの量を説明するものである」,「数は離散量では決してない」と述べ,連続量としての数概念を明記した.ただし実質的にはこういった数概念は中世アラビア数学にすでに見いだされる.

左下に短い棒を引き，10000 以上は M（*μύριοι*：1 万の）の上に万位の数を付けて表す．すなわち 10 進法ではあるが（1 万で区切るので万進法とも言える），原則的には位取り記数法ではないのでゼロ記号はない．これらの文字で数字を表記するとかなり煩雑になる．分数は，数の右肩にアクセント記号を付けて古代エジプトのように単位分数にして用いたが，それ以外の表記法もある．

$$\chi\nu\gamma = 653,\quad \overset{,\zeta\rho o\varepsilon}{\mathrm{M}}\,,\varepsilon\omega o\varepsilon = 71755875$$

ギリシャの数表記

$,\overline{\gamma\iota\gamma}\ L\ \delta'$	$3013+\frac{1}{2}+\frac{1}{4}$
$,\overline{\gamma\iota\gamma}\ L\ \delta'$	$3013+\frac{1}{2}+\frac{1}{4}$
$\overset{\varpi}{\mathrm{M}}\ \overset{\gamma}{\mathrm{M}}\,,\theta\ ,\overline{\alpha\phi}\ \overline{\psi\nu}$	9000000, 39000, 1500, 750.
$\overset{\gamma}{\mathrm{M}}\ \overline{\rho\lambda}\ \bar{\epsilon}\ \bar{\beta}L$	30000, 130, 5, $2\frac{1}{2}$.
$,\theta\ \overline{\lambda\theta}\ \bar{\alpha}L\ L\delta'$	9000, 39, $1\frac{1}{2}$, $\frac{1}{2}$ $\frac{1}{4}$.
$,\overline{\alpha\phi}\ \bar{\varsigma}L\ \delta'\ \eta'$	1500, $6\frac{1}{2}$, $\frac{1}{4}$, $\frac{1}{8}$
$\overline{\psi\nu}\ \gamma\delta'\ \eta'\ \iota\varsigma'$	750, $3\frac{1}{4}$, $\frac{1}{8}$, $\frac{1}{16}$
$\overset{\varpi\eta}{\mathrm{M}}\ ,\beta\ \overline{\chi\pi\theta}\ \iota\varsigma'.$	$9082689\frac{1}{16}$.

エウトキオスによる数表記（左）

$\left(3013+\dfrac{1}{2}+\dfrac{1}{4}\right)\times\left(3013+\dfrac{1}{2}+\dfrac{1}{4}\right)$ の計算とその現代表記．L は $\dfrac{1}{2}$ を示す．

時代や人物によって数表記が異なっていたが，それは数を用いる通商が未発達で，また数を用いる計算が低く見られていたからであろう．

次に，初期，盛期，ビザンツ期の概略を見ておこう．

2.4　プロクロス注釈から見る古代ギリシャ数学

2000年以上も前の古代ギリシャ数学について，知りうる現存資料はかなり限られている．その中で，プロクロスの『エウクレイデス「原論」第1巻への注釈』はきわめて重要な情報源である*3．ここではその記述を見ながら，初期ギリシャ数学をたどってみよう．

最初の数学者として登場するのはタレスである．彼はエジプトを訪れ，幾何学を学び，それをギリシャにもたらしたとされ，さらに彼自身も多くの事柄を発見したとされている．その発見をプロクロスは次のように記述している．

・円は直径によって2等分される．
・二等辺三角形の底角は等しい．
・2直線が互いに交わるとき，対頂角は等しい．
・二つの三角形の1辺と両端の角が等しいとき，それらは合同である．

最初の自然哲学者であり7賢人のひとりとして著名なタレスだが，数学者としてとらえたのはプロクロス以外にあまりない．タレスの数学に関しては他にも多くの伝承が残されているが（直角三角形を円に内接させるという証言），タレス自身が書いたものは全く残されていない．このように，以上の発見がタレスのものであることを疑う理由はないが，他方でタレスの発見の実際については確かなことは何も言えないのが現状である．古代ギリシャ数学にはこのように確かな資料がないのに，伝承をもとにした推定の話があたかも事実のように語られることが多い．

＊3　その前半部分は，ロードスのエウデモス（アリストテレスの弟子で，紀元前4世紀後半に活躍）が紀元前320年頃書いた，『幾何学史』（消失）の抜粋をもとにしていると考えられている．

タレスをはじめとして初期ギリシャ数学者には，エジプトやメソポタミアに赴いて数学を学んだという記述がよく見られる．しかしながら，ギリシャとオリエントとの影響関係を直接示す数学上の歴史資料は現存しない．とはいうものの，タレスの時代から紀元後初頭まで，古代エジプト語やアッカド語（古代バビロニア数学の言語）などによる数学作品が地中海東岸には存在したので，それらからの影響の可能性は十分あり得たであろう．実際，古代ギリシャの単位分数表記法，図形の面積の求め方には，オリエントの数学に類似しているものがたくさんある．この方面の研究は今後を待たねばならない．

2.5 ピュタゴラス

タレスの次に登場する数学者は詳細が全く不明のマメルコスで，第3番目に登場するのがピュタゴラスである．プロクロスによれば，ピュタゴラスは幾何学の原理を最初から純理論的に研究し，さらに非共測量[*4]（今日いう無理数）を発見し，正多角形の作図を行ったとしてきわめて高く評価されている．また彼は論証数学の創始者のごとく記述されている．しかしながらこの主張には近年疑問が呈されている．

ピュタゴラスといえば次のような説が唱えられることがあった．彼は「万物は数なり」と述べたとされ，弟子たちのピュタゴラス学派は，かつて自然数を中心とする数学体系を打ち立てていた．『原論』第6巻に見

＊4　非共測量（ἀσύμμετρος）とは，英語で incommensurable と訳されるもので，「共に測ることにできないもの」を意味する．たとえば，1辺 a の正方形とその対角線 d とは，$d=\sqrt{2}a$ という関係になるが，この $\sqrt{2}$ は整数では表記できない．他方 $\sqrt{2}=\dfrac{d}{a}$ となる整数 a, d は存在せず，a を何倍しても d とはならない．つまり a と d とは互いに測り切ることができないという意味で，$\sqrt{2}$ は非共測量と言う．非共測量は今日の無理数（通約不能量）に相当する．

られる，数に関する比例論もそうである．しかしあるとき非共測量の発見という数学上の大事件が生じ，従来の比例論が成立しなくなり，その後エウドクソスが非共測量にも成立するきわめて込み入った比例論を作り，それが『原論』第5巻に挿入された，というものである．さらにバビロニアの2次方程式の代数的解法を非共測量にも適用させるため*5，その解法を幾何学的に書き換え，「幾何学の衣を被った代数」（これは数学史家によって「幾何学的代数」と言われている）をつくり，それを『原論』第2巻で扱うようになった，という伝承もある．しかしこれらを支持する資料的根拠はきわめて薄弱で，今日ではその解釈の大半は否定され，『原論』は『原論』の枠組みの中で，ギリシャ数学はギリシャ数学の枠組みの中で解釈すべきであると考えられている．

ピュタゴラスやピュタゴラス学派に関する重要な資料の一つは，後の新ピュタゴラス主義者イアンブリコスの作品『ピュタゴラス的な生について』である．そこには宗教者ピュタゴラスが登場するが，どう見ても論証数学とは相対立する姿で描かれている．現存資料から判断すると，ピュタゴラスに論証数学創始者の役割をあてはめるのは困難と思える．

次に盛期に移ろう．盛期の数学者は数多くいる．エウクレイデスは次章で扱うので，ここではアルキメデスとアポロニオスによる狭義の数学の一端を見ておこう．この二人の数学については，その後のギリシャ，そしてアラビアで数多くの注釈がなされ，さらに発展をみた．そしてルネサンス期に彼らの著作がギリシャ語から直接ラテン語に訳されると，

＊5　バビロニアで2次方程式が解かれたと主張されることがある．たしかに今日の目から見れば，2次方程式として解釈しうる演算操作が工夫されていた．ただし代数学という一つの学問分野として認識されていたわけではないので，「バビロニアの代数」という言葉には注意を要する（**5.3** 参照）．なお，そこで用いられる数は，60進法による正の数で，非共測量ではない．

それらは再び読み直され，近代数学の形成にきわめて重要な役割をはたすことになる．

2.6 アルキメデス

アルキメデスは古代ギリシャ最大の数理科学者であり，多くの逸話が残されている．その作品は幾何学，機械学（浮力，重心，平衡に関する事柄），計算術他に分かれ，どれも驚くほどの計算力と創意を見せつけてくれるものばかりである．

幾何学：『放物線の求積』『球と円柱』『螺旋』『円錐状体と球状体』
機械学：『平面板の平衡』『浮体』『方法』
計算術他：『砂粒を数える者』『円の計測』『牛の問題』『ストマキオン』

アルキメデスの著作

アルキメデスの死

ギュスターヴ・クルトゥワ（1853-1923）による絵．問題を解いているアルキメデスと彼を連行しに来たローマ兵士．プルタルコスによるこの逸話はその後多くの画家の題材となった．

アルキメデスの計算力は時代をはるかに超えており，驚愕に値する．『砂粒を数える者』では，宇宙全体に砂粒を満たせばそれは何個必要かと問う．そこでは巨大な数を表記する独自の記数法が考案される．ギリシャ記数法では，最上位はM（万）であり，その万の万すなわち億を「第１の数」$=10^8$とし，これを１億回繰り返すと10の８億乗となる．これを「第１期の数」とし，これを１億回繰り返すと，10の８京（$=8 \cdot 10^{16}$）乗となる．そしていくつかの仮定の後，砂粒は現在の値では10^{63}を超えることはないという．

また『牛の問題』は，８種の牛の間に，ある種の関係が成立するとき，牛の数を求めるものである．その結果は不定方程式となり，その整数解は条件によって無限個となってしまう．これらは並外れた数感覚と計算力のたまものである．

2.7　アルキメデスの『方法』

アルキメデスの著作の中でもっとも興味深いのは『方法』である．その理由は主として二つの数奇な運命である．第１は，『方法』の写本はほとんど知られてこなかったようであるが，それはアルキメデスの論文の上に祈祷書が重ね書き（パリンプセストという）され，もとの姿が隠されてしまっていたことによる．第２は，『方法』は2000年以上を経た1906年に発見されるも，その後再び行方不明になってしまい，ようやく1998年オークションに登場し，数学の作品としては破格の競売価格で落札されたことである．以上の写本を巡る話だけでも興味が尽きないが，次にその数学の内容が大きな話題となった．それについては次のように３点指摘できる．

１点目は，現在に残る古代ギリシャ数学の資料は，そのほとんどが幾何学を用いた総合的論証法で記述され，そこには定理などの「発見の方法」が記述されていないのであるが，『方法』には仮想天秤を用いたある種の「発見の方法」が読み取れることである．いわば数学研究の楽屋裏が示されているのである．2点目は，仮想上ではあるが天秤という機器を幾何学に用いていることである（その逆はよく見られる）．というのもギリシャでは，機器を用いる光学や機械学などは，学問分類上では幾何学の下位に属するとされており，幾何学の証明を光学や機械学が行うことは領域侵犯（メタバシスという）と言われたからである．最後は，議論の途中で無限操作が当然のことのように用いられていることである．通常ギリシャにおいて，無限は有限以下のものとされ忌避されていたのである．

さて，現存する『方法』は15の命題から成立しているが，ここでは命題4の手法を概観しておこう．回転放物体（アルキメデスは直角円錐切断と呼んだ）はその切片と同じ底面，同じ軸を持つ円錐の $\dfrac{3}{2}$ である，という主張である．ここでその円錐はそれに外接する円柱の $\dfrac{1}{3}$ であることはすでに知られているので[*6]，結局，回転放物体は外接する円柱の $\dfrac{1}{2}\left(=\dfrac{3}{2}\times\dfrac{1}{3}\right)$ ということになる．

今図(1)のように，放物線を描き，それを軸ADの周りに回転し，回転放物体をつくる．ここで放物線の性質から，

$PS^2 : CD^2 = AS : AD.$

また　$PS^2 : CD^2 =$ 円PO：円NM.

よって　円PO：円NM$= AS : AD.$

ここで　$AD = AH$ なるHを取り，円PO＝円P′O′をH側に移す．

＊6　『方法』の序文では，このことはデモクリトスが発見し，エウドクソスが証明した，と述べられている．

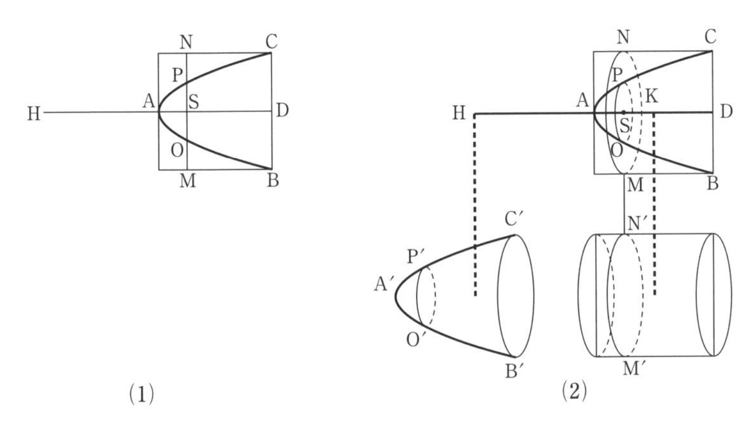

アルキメデス『方法』命題4

出典：斎藤憲『よみがえる天才アルキメデス』岩波書店，2006，p.91，93

すると　円P′O′：円NM＝AS：AH.

これは天秤HADにおいて，円P′O′をHでつるしたものと，円NMをSでつるしたものとが釣り合っていることを意味する．ここで円P′O′は回転放物体の切片，円NMはその外接円柱の切片である．SはADの任意の点なので，釣り合いをAD全体に適用すると，図(2)のように，Hに位置する回転放物体と，ADの中心Kに位置する円柱とが釣り合うことになる．こうして，$AK=\frac{1}{2}AH$より，回転放物体は外接する円柱の$\frac{1}{2}$ということになる．

ここで問題となるのは，回転放物体が無限個の円に切断され，それが移動され，再結合され，もとの回転放物体となることである．しかしアルキメデスはそれについては何も語ってはいない．

アルキメデスは序文で，問題を機械学的に考察することができたものの，この仮想天秤を用いた方法は証明としては認められないので，あとから幾何学を用いて証明せねばならないと注意している*7．本作品は古代ギリシャ数学の一般的方法とは著しく異なるスタイルで書かれているがゆえに，その後忘れ去られてしまったのかもしれない．あるいは手の内を明らかにすべきものとは考えられなかったのかもしれない．いずれにせよ，ここにこそ我々は古代ギリシャ数学の隠された部分を見ることが出来るのである．

この方法自体は特例であったわけではないことにも注意しよう．実際ヘロンは何か工作して定理を発見したと伝えられ，特殊な器具を用いて作図した数学者も少なからずいる．ギリシャ幾何学を受容発展させたアラビア幾何学でも，紙や布を切り抜いて実際に重さを量り面積の相等性を確かめたという，数学者イブラーヒーム・イブン・シナーン（909-46）の記述がある．

2.8　アポロニオス『円錐曲線論』

円錐曲線論の起源はメナイクモスにまで遡及でき，その後すぐエウクレイデスもそれについて書いている．しかしアポロニオスによって先行研究はすべて凌駕され，今日円錐曲線論といえばアポロニオスの名前が想起されるようになった．

ペルゲ（現トルコ）出身のアポロニオスは，『円錐曲線論』だけではなく，いわゆる「アポロニオスの問題」（与えられた3円に外接する円を求める問題）が含まれる『接触』や，それら自体重要な数学作品『比例切断』『平面の軌跡』『ネウシス』他を書いただけではなく，天文学（周転円と離心円の理論）や，燃焼鏡という武器や，速算法に関する興味深い作品も書

＊7　アルキメデスは先の回転放物体の命題を『円錐状体と球状体』で別個に幾何学的に証明している．

いたとされるが，その多くはすでに失われている．

古代最高の幾何学書とも言える彼の主著『円錐曲線論』は，本来全8巻からなるが，ギリシャ語で現存するのはそのうち第1-4巻のみである．さらに第5-7巻のアラビア語訳が残っているが，第8巻は失われ，17世紀にエドマンド・ハリー（1656頃-1743）などによって復元が試みられた．古代においては難解ゆえにその後すぐヘロンなどにより書き換えが行われ，後に代数学の成立とともに，アラビアそして近代西洋では円錐曲線の代数的解釈がなされるようになった．実際，代数学さらに座標を使えばかなり見通しよい理解が出来ることも事実である．他方で後にパスカル（1623-62）がしたように，代数ではなく射影幾何学を用いた解釈の伝統も存在する．

それまで円錐曲線（英語では conic sections）は，頂角が直角，鋭角，鈍角の直円錐を，母線に垂直な平面で切断したときの切り口の形によって定義されていた．しかしアポロニオスは，任意の斜円錐（円の中心と頂点とを結ぶ線が，底面と斜交する円錐）の切断面として定義したところに彼の議論の一般性がある．いまその性質を概観しておこう．

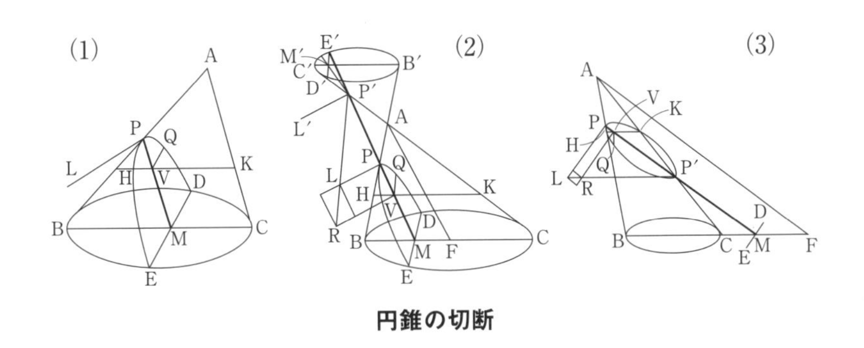

円錐の切断

図のように，切断面の軸 PM が，(1) AC と平行，(2) CA の延長 AC′ で交わる，(3) AC 上で交わる，に応じて３種の円錐曲線が存在する．

ここで P を通り切断面に垂直な線分 PL（通径またはパラメーターと呼ばれる）を引き，

$$PL : PA = BC^2 : BA \cdot AC \qquad (1)$$

$$PL : PP' = BF \cdot FC : AF^2 \qquad (2),\ (3)$$

とする．(2)，(3)のときにはさらに P′L を結び，P′L 上または P′L の延長上の点を R とし，PL∥VR とする．V を通り BC に平行に HK を引く．すると $QV^2 = HV \cdot VK$ となる．

ここで(2)，(3)のとき，HV : PV＝BF : AF，VK : P′V＝FC : AF となる．各項を掛けて，

$$HV \cdot VK : PV \cdot P'V = BF \cdot FC : AF^2.$$

仮定と三角形の相似から

$$QV^2 : PV \cdot P'V = PL : PP' = VR : P'V = PV \cdot VR : PV \cdot P'V.$$

$$\therefore \quad QV^2 = PV \cdot VR.$$

さて(2)では，QV^2 に等積な長方形を PL に付置し，そのとき幅を PV とすると，これは PV と PL とからなる長方形より LR だけ超過し，(3)では LR だけ不足する．よってそれぞれの曲線は，超過する付置（ヒュペルボレー）（ὑπερβολή）からラテン語で hyperbola，不足する付置（エッレイプシス）（ἔλλειψις）から

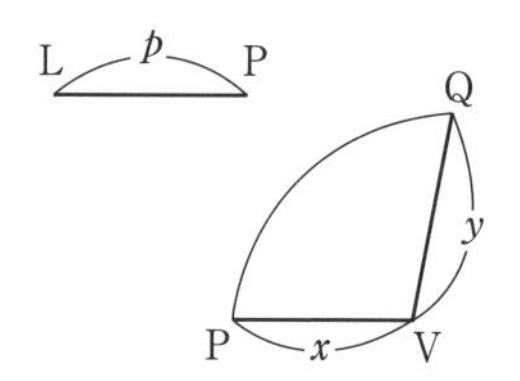

放物線と $y^2 = px$
(2)の PQV を切りとったもの

放物線	楕円	双曲線
並置	不足	超過
パラボラ	エリプシス	ヒュペルボラ
$y^2 = px$	$y^2 < px$	$y^2 > px$

ellipsis と呼ばれるようになった．そして⑴の曲線は，傍ら（パラボレー）に付置（παραβολή）するから parabola と呼ばれるようになった．

ここで PV$=x$，QV$=y$，PL$=p$ と置くと，⑴，⑵，⑶はそれぞれ今日の放物線，双曲線，楕円の式を示すことは明らかである*8．

以上のように，頂点，軸，通経が与えられれば円錐曲線が作図できる．つまり円錐の切断による円錐曲線の本来の定義に立ち戻らなくても，以上の3点と円錐曲線の性質とを用いれば円錐曲線が議論できることになる．

アポロニオスが得意とするのは直線間の比例関係の論証であり，そのため点や直線の位置を定める必要がある．先の図形では2直線 QV，PV の長さが基本となる．まず「一定の仕方で引かれた」QV が与えられ，これは縦線（ラテン語 ordinata）と呼ばれ，最初の規準となる．次にそれによって PV が「切られ」，こちらの第2の基準線は横線（ラテン語 abscissa）と呼ばれる．このときある定直線 PL（通径）が別に与えられる．放物線の場合は，1辺が QV からなる正方形と PV と PL とに囲まれた長方形とが等しいと定義される．ただしここで QV と PV とは直交する必要はない．

アポロニオスが最も自慢したかったのは第3巻である．というのも『円錐曲線論』序文で，エウクレイデスが出来なかった3線または4線の軌跡問題を，この第3巻で論じた新しい定理を用いて見出すことができ

---

*8　アポロニオスは頂点の向こう側にも逆向きの円錐があると考えていたので（つまりダブルコーン），双曲線は2つの枝があり，そこから「双」曲線と呼ばれる．また投射体の描く軌跡の曲線が放物線と認識されたのはルネサンス期で，レオナルド・ダ・ヴィンチも描いているが，証明したのは17世紀初頭のハリオットやガリレオである．古代にはその認識がなく，パラボラに「放物線」という訳語を使用するのは適切ではないが，他の2種の曲線に合わせて本書では放物線と呼ぶことにする．

ると述べているからである．つまり，「平面上に３線が与えられたとき，１本への距離の２乗が他の２本への距離の積に比例するような動点の軌跡を求める」，という問題である*9．ここで距離とは，動点から引いた直線が各直線に対して定められた角で交わるときの距離を指す．この問題は古代ギリシャの数学者パッポスも言及し，「パッポスの３線問題」と呼ばれ，およそ1300年後にデカルトに刺激を与え，代数を用いて解決された．

アポロニオス『円錐曲線論』は今日では座標と代数を用いれば理解が容易になる．すなわち解析幾何学と親和性がある．しかしアポロニオスの議論には負の量は想定されないし，また座標系ははじめから与えられているのではなく，曲線が与えられてはじめて個別に設定されるという点で一般的ではなく，彼の方法は近代の解析幾何学とは大いに異なる．アポロニオスの円錐曲線論には座標概念が欠除していたというのではなく，むしろそれを必要とはしなかったのである．

円錐曲線は天体運動の記述，地図作成など様々な分野に適用されている．しかし古代ギリシャ数学一般では，数学が自然界に適用されることは円と直線を除いてはなかった*10．ではなぜ当時このような高度な円錐曲線論が議論されたのか．アポロニオスにとっては数学研究自体が目的であった．当時数学の自然界への応用は想定できなかったが，ずっと後のニュートンの時代以降，円錐曲線は自然を数学化するのに重要な道具のひとつとなった．その時代に無用と思われる数学分野もいずれ役立つことになることをこの事例は示している．

＊9　アポロニオス自身はこの問題を解決するのに第３巻で50点程度の命題を要した．４線の場合は，動点から２直線への距離の積が他の２直線への距離の積に比例するときの軌跡問題を指す．

＊10　円錐曲線は立体倍積問題，角の３等分問題に適用された．

アルキメデス，アポロニオスの数学は，それぞれ積分学，解析幾何学に発展していく可能性がないわけではなかった．しかし，結局記号法が欠如していたので量的操作をするための表現がきわめて煩瑣となり，個別的で一般化が困難であった．また厳密性を求めたゆえに無限移行が扱えず，それ以上の展開は望めなかった．さらに当時東地中海地域では政治的宗教的変化により，数学の研究が困難な状況となったことも付け加えておこう．しかしこの両巨頭の数学は，その後アラビア，西洋ルネサンス期に再検討され，時代の数学の展開に多大な影響を与えることになる．

盛期の末になって活躍したパッポス自身は独創的数学者とまでは言えないが，その『数学集成』は，今日失われた多くの数学著作に言及し，それら断片を含んでおり（失われたエウクレイデス『ポリスマタ』など），ギリシャ数学史研究には欠かせない第一級の資料である．

2.9　ビザンツ期の注釈家たち

盛期末からビザンツ期初期にかけては，編纂注釈の時代となり，古代数学を理解するための注釈や補助命題集が書かれた．アスカロンのエウトキオスはアルキメデスとアポロニオスの作品へすぐれた注釈を残し，6世紀頃には建築家ミレトスのイシドロスが活躍し，エウクレイデス『原論』を拡張した．

ビザンツ期には，テクストの筆写，編纂，注釈がさかんに行われたという意味で盛期数学の復興が起こり，その結果としてそれら古代の作品が今日まで保存されることになった．盛期ギリシャ数学最古の羊皮紙写本はボッビオ（イタリア北西部）で写された断片で，7世紀にさかのぼることができ，またエウクレイデス『原論』現存最古の写本は888年に書き写されたものである．とりわけ数学者レオは9世紀前半にコンスタンティノポリスで多くの数学作品を収集筆写し，今日我々が古代ギリシャ数学を知ることができるのは，まさに彼らの筆写という作業のおかげなのである．と同時に，今日散逸をまぬがれたテクストは，彼らのテクスト取捨選択における判断基準に合致した作品であったことにも注意せねばならない．

古代ギリシャ数学は決してすでに滅びてしまったわけではなく，その後それを受け継いだアラビア数学などを通じて，今日でも資料上の新たな発見があり，さらに新たな解釈が生まれている．

学習課題

(1)　301598はギリシャ文字数字で表すとどのようになるだろうか.

(2)　アルキメデス（シラクサ），アポロニオス（ペルゲ），エウトキオス（アスカロン），イシドロス（ミレトス），ヒポクラテス（キオス），テオン（アレクサンドリア）など，ギリシャ数学者の出身地を地図上で示してみよう.

(3)　アルキメデス『方法』における無限の取扱について，問題点を具体的に指摘してみよう.

参考文献

・近藤洋逸『数学の誕生』，現代数学社，1977.
　　ギリシャを含め古代数学史が要を得て描かれている.
・ヒース『ギリシア数学史』I-II（平田・菊池・大沼訳），共立出版，1960.
　　古いがギリシャ数学史の基本文献である.
・田村松平（編）『ギリシアの科学』（世界の名著9），中央公論社，1972.
　　アルキメデスなどの著作の多くの抄訳がある.
・斎藤憲『よみがえる天才アルキメデス』，岩波科学ライブラリー，2006.
　　アルキメデスの数学が最新情報と共にまとめてある.
・上垣渉『ギリシア数学の探訪』，日本評論社，2007.
　　ギリシャ数学の全体像を描いている.
・リヴィエル・ネッツ,ウィリアム・ノエル『解読！アルキメデス写本　羊皮紙から甦った天才数学者』（吉田晋治訳），光文社，2008.
　　アルキメデス『方法』発見を巡る興味深い話と数学的内容.
・林栄治・斎藤憲『天秤の魔術師アルキメデスの数学』，共立出版，2009.
　　アルキメデスの数学の再構成が解説されている.
・B. チェントローネ『ピュタゴラス派』（斎藤憲訳），岩波書店，2000.
　　近年の研究成果が含まれている.

3　エウクレイデス『原論』と論証数学

《目標＆ポイント》 論証数学は古代ギリシャにおいて成立した．そのモデルとなるのが，西洋では聖書に次いでよく読まれてきたと言われるエウクレイデス『原論』である．ここではその構造と特徴について理解する．
《キーワード》 論証数学，比例論，非共測量，定義・要請・共通概念

今日数学といえば証明を想起する．両者を結びつけたのはほかならぬ古代ギリシャであった．その中でもエウクレイデス『原論』が，定義から命題そして証明へと記述を進める方法を確立し，論証数学の形式を定め，その方式が代々継承され今日に至っているというわけだ．その意味で，エウクレイデス『原論』は数学史上最も影響を与えた作品といえるであろう．またイブン・シーナー，パスカルなど多くの歴史上著名な数学者の伝記には，若いころ『原論』に刺激を受けて数学を志すようになったとか，早くも幼少の頃にそれをマスターしてしまったと言う話がよく見受けられる．『原論』は数学学習の最初のテクストにも位置付けられていた．

3.1　エウクレイデス

エウクレイデスという名前はギリシャ語で，今日その英語読みのユークリッド（Euclid）でもよく知られている．彼は紀元前 300 年少し後のプトレマイオス 1 世（在位前 305–前 282）の時代に，アレクサンドリアで活躍したと考えられるが，詳細は不明である．もちろんエウクレイデス

の肖像などは残っているはずもない．

プトレマイオス1世が，幾何学を学ぶのに『原論』を読むよりも手っ取り早い方法はないかとエウクレイデスに尋ねたところ，彼は「幾何学に王道なし」と答えたという逸話が残されている．

想像上のエウクレイデスの肖像
タケ版エウクレイデス『原論』の英訳（1727，ダブリン）より

エウクレイデスには，『原論』の他に『デドメナ』（与えられたもの）などの数学作品がある．さらに『オプティカ』『カトプトリカ』という視学（視覚過程を解明する学問で，光学を含む），『ファイノメナ』（天文現象論）という天文学，『カノーンの分割』という音楽論，『重さの学』という静力学などについての著作があるので，数学者というよりは，広く応用数学者，数理科学者と考えたほうが適切である．以上は，今日に至るまでギリシャ語で伝承されてきた作品であるが，他に『図形分割論』『円錐曲線論』など，すでに散逸してしまった作品もある．

3.2 『原論』

『原論』はギリシャ語でストイケイアといい，それは本来アルファベットを意味し，よって基本的構成要素を指す．のちに明朝末の中国で，マテオ・リッチ（1552-1610，中国名は利瑪竇）と徐光啓（1562-1633）とが『原論』の第1-6巻をラテン語訳から漢訳し，それを『幾何原本』（1607）と名付けた*1．しかし今日では単に『原論』と呼ぶ習わしである．英語では *the Elements* と呼ばれている．

『原論』という名の著作を書いたり編集したりしたのはエウクレイデスが最初ではない．その編集者としての最古の人物はキオスのヒポクラテスである．その時代から数学者たちは，第一原理を用いて様々な命題を検討し，整理し，具体的数値を用いずに論証を進める方法を模索している．

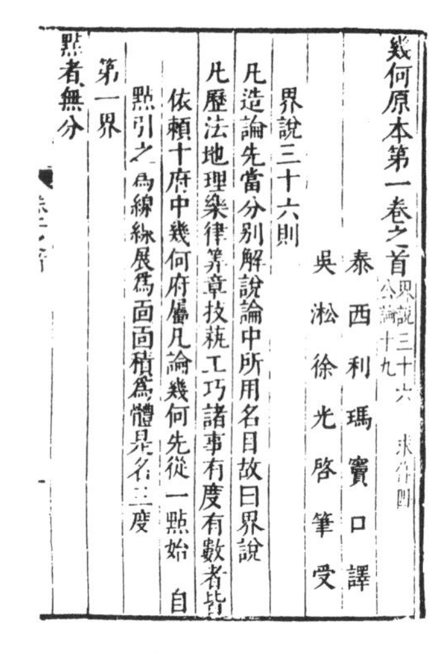
幾何原本第一卷之首 界說三十六 公論十九 求作四
泰西利瑪竇口譯
吳淞徐光啓筆受
界說三十六則
凡造論先當分別解說論中所用名目故曰界說
凡歷法地理樂律筭章技藝工巧諸事有度有數者皆
依賴十府中幾何府屬凡論幾何先從一點始 自
點引之爲線線展爲面面積爲體是名三度
第一界
點者無分

『幾何原本』

しかし今述べた『原論』はすべて散逸してしまった．それはエウクレイデスの『原論』が内容と構成上それらをはるかに凌駕したからである．エウクレイデスは数学者たちの発見を整理し，完全な形にし，従来証明できなかった命題にも完全な証明を与え，新たな証明を付け加え，それを 13 巻にまとめた（当時はパピルスの巻物に書かれていたので巻というが，それは今日の章と考えればよい）．その意味ではエウクレイデスは単なる編集者ではないのである．

全 13 巻のうちの前半は初等数学に関する基本的構成要素の証明だが，後半は基本原理とはいうものの，かなり複雑な議論を収録する．なお後に，ヒュプシクレス（前 2 世紀）が第 14 巻を，ミレトスのイシドロスの弟子が 15 巻を付け加えたとされ，伝承では全 15 巻からなる『原論』も

＊1　当時中国では「幾何」は度（大小）と量（今日の幾何学）を扱う学問，つまり数学全体を示していた．

多数存在するが，本来は全13巻である．

各巻の内容を眺めてみよう．1-6巻は初等的平面幾何学，7-9巻は整数論，10巻は非共測量の分類，11-12巻は立体幾何学，最後の13巻は正多面体論である．このなかで10巻が最も長く，命題数でいうと全体のおおよそ四分の一を占めている．

巻	主な内容	定義数	命題数
Ⅰ	平面図形に関する基本	23	48
Ⅱ	平面図形	2	14
Ⅲ	円	11	37
Ⅳ	円に内外接する多角形	7	16
Ⅴ	比と比例	18	25
Ⅵ	平面幾何学への比例論の応用	4	33
Ⅶ	数論	22	39
Ⅷ	数論	0	27
Ⅸ	数論	0	36
Ⅹ	非共測量	16	115
Ⅺ	立体図形の基礎	29	39
Ⅻ	立体図形の体積	0	18
XIII	正多面体	0	18

『原論』の内容と構成

3.3 定義・要請・共通概念

第1巻には，定義以外に，要請が5つ，共通概念が5つ含まれている．

定義はギリシャ語でホロスと言い，「境界」を示す．『原論』はまずこれから始まるので，それを見ておこう*2．

1．点とは部分のないものである．
2．線とは幅のない長さである．
3．線の両端は点である．
4．直線とは，その上の諸点に対して等しく置かれている線である*3．

……

定義

以上は定義とは言うものの，実際に数学的議論で使用できるような書き方ではなく，『原論』本文では利用されていない（他にも定義13，14，17なども本文では利用されていない）．

要請（今日では公準と呼ばれている）はギリシャ語でアイテーマタと言い，「要請されたこと」を示し，図形が描かれることを保証するものである．

『原論』（1533，バーゼル）
印刷された最初のギリシャ語版の第1巻冒頭

＊2 本来の定義には番号はない．また複数の定義がひと続きの文章になっている箇所もある．このことは要請，共通概念にもあてはまる．

＊3 齋藤憲・三浦伸夫『エウクレイデス著作集』第1巻，pp.180–181．『原論』からの引用はすべてこの訳書による．

次のことが要請されているとせよ．

1．すべての点からすべての点へと直線を引くこと．

2．有限な直線を連続して1直線をなして延長すること．

3．あらゆる中心と距離をもって円を描くこと．

4．すべての直角は互いに等しいこと．

5．もし2直線に落ちる直線が，和が2直角より小さい同じ側の内角を作るならば，2直線が限りなく延長されるとき，内角の和が2直角より小さい側で，それらが出会うこと．

要請

数学史上もっとも有名なのは第5番目の要請で，「第5公準」，「平行線公準」とも呼ばれている．それは他の公準と比べとても長いので，より簡単に表現できないか，他の命題などから導出できないかなどを巡り，古来多くの解釈や注釈がなされてきた．ついに2000年以上後の19世紀になって，その議論の中から最終的に非ユークリッド幾何学が誕生することになる．

共通概念（今日では公理と呼ばれている）は，ギリシャ語でコイナイ・エンノイアイと言う．

アラビア語訳『原論』
I-28（1594，ローマ）

1．同じものに等しいものは互いにも等しい．
2．もし等しいものに等しいものが付け加えられたならば，全体は等しい．
3．もし等しいものから等しいものが取り去られたならば，残されたものは等しい．
8．全体は部分より大きい．
……

共通概念

先に延べた要請は作図に関連したもので，幾何学に限定されているが，他方共通概念は，数学全体に共通して適用され，証明なしで認められるものである．

3.4 命題の構造

命題は伝統的に「定理」と「問題」とに分類することができる．「もし2円が接するならば，それらの中心は同じにはならない」(III-6)[*4]など，性質が成り立つことを主張するのが「定理」で，「円が与えられたとき，中心を見いだすこと」(III-1) など，条件を満たす図形の作図法を主張するのが「問題」である．

『原論』自体には明示されていないが，注釈を加えたプロクロスによると，命題は，「言明」(命題内容を一般的に述べる)，「提示」(図形とそれを示すアルファベットを示す)，「特定」(命題を具体化し，命題内容を特定する)，「設定」(証明に必要な補助的な作図)，「証明」，「結論」の6つの部分から

＊4　III-6は『原論』第3巻命題6を示す．以下同様．

成立しているという.

I-47（いわゆる「ピュタゴラスの定理」）を例として，具体的に命題の構造と論証法を見ておこう．ここでは煩瑣を避けるため，簡略化し記号を使用する.

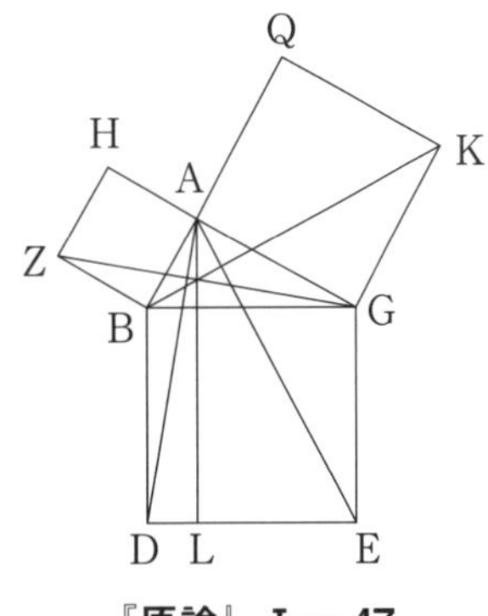

『原論』 I − 47

言明：直角三角形において，直角に向かい合う辺の上の正方形は直角を囲む2辺の上の正方形に等しい.

提示：直角三角形を ABG，∠BAG を直角とする.

特定：$BG^2=BA^2+AG^2$ を言う.

設定：BG 上に□BE，BA 上に□BH，AG 上に□AK が描かれ，AL∥BD∥GE となるように AL が引かれる．さらに AD，ZG が引かれるとせよ.

証明：∠BAG＝∠BAH＝∠R なので，AG と AH は一直線をなす．同様に，BA と AQ とは一直線をなす.
∠DBG＝∠ZBA＝∠R なので，双方に ∠ABG を加えると，
∠DBA＝∠ZBG．DB＝BG，ZB＝BA なので，
△ABD＝△ZBG．2△ABD＝ 長方形 BL，2△ZBG＝□BH.
よって，長方形 BL＝□BH.
同様に，長方形 GL＝□GQ.
よって，□BE＝□BH＋□GQ.

結論：直角三角形において，直角に向かい合う辺の上の正方形は，直角を囲む2辺の上の正方形に等しい．これが証明されるべきことであった.

「言明」自体は命題そのものを完全に記述しているわけではない．なかには「言明」をはじめて見ただけではそれが何を意味するかわからないものも存在する．しかし命題の冒頭にあって，命題内容を簡潔に指し示すそれは，あとで参照や引用する際に便利な標語の役割をしている．定理の最後は，「これが証明されるべきことであった」で終わり，そのラテン語訳 quod erat demonstrandum から，後にその部分は q.e.d.や QED と略されることになった．命題が定理ではなく問題であれば，「これがなされるべきことであった」（ラテン語訳 quod erat faciendum）で終わり，q.e.f と略される．

以上のように，『原論』の論証法は今日のものと変わらないことがわかる．『原論』がその後の論述形式を定めたと言えるのである．

3.5 比例論

『原論』には具体的数値が用いられていないので，対象を比較するにはどの様にすればよいであろうか．その際には比例論が役立つ．第7巻では数に関する比例論が示されるが，これは今日のものと変わりない．ここで問題となるのは非共測量を扱う幾何図形における比例論で，それは第5巻で論ぜられている．

さて a，b，c，d を幾何学量（今日の実数）としよう．すると $a:b$ の場合，a と b とは同じ種類のものであることが前提となる．つまり次元が同じで（「同次法則」という），a が面積で，b が長さというように，異なる種類ではあり得ないのだ．すなわち両者は相互に比較できるものでなければならないのである．したがって第5巻の定義1，2，3が意味をもつ．

さてこの場合，比 $a:b$ 自体は何を示すのであろうか．大きさでもないし量でもない（もちろん $\frac{a}{b}$ という比の値でもない）．それは両者の関

1．量が量の，小さい方が大きい方の部分であるのは，小さい方が大きい方を測り切るときである．
2．大きい方が小さい方の多倍であるのは，大きい方が小さい方によって測り切られるときである．
3．比とは，同種の2つの量の大きさに関する何らかの関係である．
4．2つの量が互いに対して比を持つと言われるのは，多倍されて互いを超えることができるものである．
6．同じ比を持つ量は比例すると呼ばれるとしよう．
8．比例は少なくとも3つの項からなる．
9．3つの量が比例するとき，第1が第3に対して持つ比は，第1が第2に対して持つ比の“2倍の比”であると言われる．

『原論』V　定義の一部

係と言うことができる（定義3）．したがって関係が同じ場合もあるので（定義6），そのとき $a:b=c:d$ と書ける（値が同じということではないので別の記号が用いられ，伝統的には $a:b::c:d$ と書かれる）．このように比は関係であり，角度，長さなどの通常の数学的対象とは異なるという理解がされており[*5]，後に多くの混乱が生じることになった．

比例は一般的には4項からなるが，3項の場合もあり得る（定義8）．定義9は，a，b，c が $a:b=b:c$ のときである．ギリシャ数学では記号法がなく，また比は関係であるということを留保して現代記号で書くと，

＊5　たとえば，「同一の比に同じ比は，互いに対しても同じである」（V-11）は，共通概念1と同じことを述べているようだが，前者は「関係」の，後者は「もの」の相等性を示している．

$\frac{a}{b}=\frac{b}{c}$ のとき，$\frac{a}{c}=\frac{a}{b}\times\frac{b}{c}=\left(\frac{a}{b}\right)^2$ となる．ここでは値が自乗だが，ギリシャ的には「2 倍の比」と言う．この $\frac{a}{b}\times\frac{b}{c}$ の箇所は，比を並べているので「比の合成」と言う．

同じ比の表記法については述べたが，その判定法が必要で，それが定義 5 である．$a:b=c:d$ の場合，整数比 $m:n$ に等しければ問題ないが，正方形におけるその 1 辺とその対角線のような場合は 2 つの整数では表せない．今日無理数が有理分数で表せないのと同じである．すると上記の場合，na と mb，nc と md とをすべての整数 m，n で調べればよい．そのことをまとめて記号で書くと，比が等しいことを示す定義 5（エウドクソスが考案した）は次のようになる．

$$a:b=c:d \Leftrightarrow na \gtreqless mb \rightarrow nc \gtreqless md$$
（任意の正整数 n，m に対して）

これはかなり込み入った判定法だが，この定義は非共測量（無理数）にも実際に運用可能な比例論となる．以上の比例論は『原論』を通底する基本言語の役を果している のである．

3.6 無味乾燥な『原論』

『原論』は，命題とその証明だけから成立しているきわめて無味乾燥な記述スタイルをもつ．数値例はまったく挙げられていないし，具体的計算もない．一般性を保持するために具体性を犠牲にしているのである．『原論』は幾何学も扱うが，そこに面積や体積という言葉はまったく出てこないし，それらを求める公式も登場しない．そのかわり大きさを比較したり比を用いたりしている．たとえば，「もし平行四辺形が三角形と同じ底辺を持ち，かつ同じ平行線の中にあるならば，平行四辺形は三角形の２倍である」(I-41),「球は互いにそれぞれの直径の３乗の比をもつ」(XII-18) などである．もちろん様々な図形の面積を求める方法はすでに古代エジプトなどで知られていたし，古代ギリシャでも面積や体積の数値を具体的に見いだす方法は知られていた．

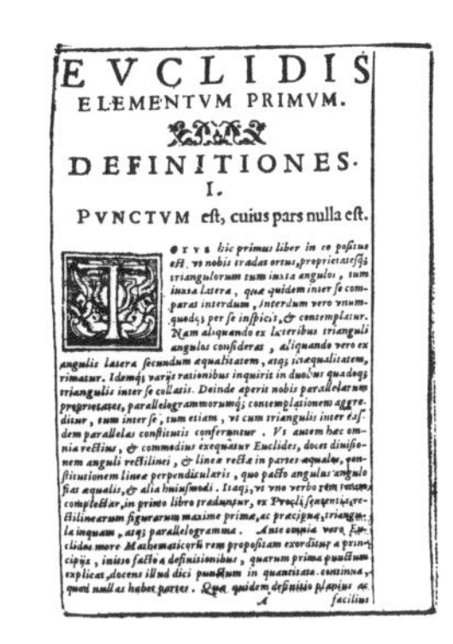
EVCLIDIS
ELEMENTVM PRIMVM.

DEFINITIONES.
I.
PVNCTVM est, cuius pars nulla est.

TOTVS hic primus liber in eo positus est, vt nobis tradat ortus, proprietatesq; triangulorum tum iuxta angulos, tum iuxta latera, quæ quidem inter se comparat interdum, interdum vero vnumquodq; per se inspicit, & contemplatur. Nam aliquando ex lateribus trianguli angulos considerat, aliquando vero ex angulis latera secundum æqualitatem, atq; inæqualitatem, rimatur. Idemq; varijs rationibus inquirit in duobus quadoq; triangulis inter se collatis. Deinde aperit nobis parallelarum proprietates, parallelogrammorumq; contemplationem aggreditur, tum inter se, tum etiam, vt cum triangulis inter easdem parallelas constitutis conferuntur. Vt autem hæc omnia rectius, & commodius exequatur Euclides, docet diuisionem anguli rectilinei, & lineæ rectæ in partes æquales, constitutionem lineæ perpendicularis, quo pacto angulus angulo fiat æqualis, & alia huiusmodi. Itaq; vt vno verbo rem totam complectar, in primo libro traduntur, ex Procli sententia, rectilinearum figurarum maxime primæ, ac præcipuæ, triangula inquam, atq; parallelogramma. Ante omnia vero Euclides more Mathematicorũ rem propositam exorditur a principijs, initio facto a definitionibus, quarum prima punctum explicat, docens illud dici punctum in quantitate continua, quod nullas habet partes. Quæ quidem definitio planius ac

A　facilius

エウクレイデス『原論』(1574，ローマ)

Ｉ-定義１「点とは部分のないものである」に対して，16世紀の数学者クラヴィウスによる詳細な注釈（全体にわたる小さな文字部分）が付けられている

また『原論』のテクストそのものには，著者エウクレイデスについては何も書かれていないし，人名や執筆のいきさつなどの言及も皆無である．命題からは『原論』の目的や執筆動機などはまったく見えてこない．しかしこの無駄を省いたスタイルこそが数学論文の形式を決めたのである．それに対して，アポロニオス，アルキメデス，ディオファントス[*6]などによる古代ギリシャの他の重要な作品の多くは書簡の形で書かれ，冒頭に序文や前書きがあり，執筆動機，書かれたときの状況を少しばかり想像させてくれる．

以上見てきたところでは，『原論』は完璧な作品のように思われるであろう．しかしそうではない．そこには不備もたくさんある．たとえば，

＊6　ディオファントスは謎の多い人物で，生没年も出身地も詳細は不明．その『算術』はのちにラテン語に訳され，それを読んだフェルマが，欄外に書いた，「立方数を２つの立方数に分けること，４乗数，あるいは一般に任意の冪を２つの同じ指数の冪に分けることは，指数が２より大きいときには不可能である．このことの見事な証明を私は見つけたが，それを書くには余白が少なすぎる」という言葉で，「フェルマの定理」に関連してよく引き合いに出される数学書である．

場合分けして議論せねばならないときも，一つの場合だけしか証明せずに，残りはそれとなく省いてしまっている（I-7など）．また，定義の中にはどこにも使用されないものもある（I-定義1，4など）．さらに，命題は順を追って提示されていくが，続く命題に一度も使用されない命題も少なからず存在する．しかも命題が前後と孤立して登場することもある（I-46，47，48など）．重要なテクストにもかかわらず今述べたような欠陥と見なされた箇所があるということで，その後古代ギリシャから2000年以上も長きにわたって『原論』は改訂され，厖大な数の注釈が付け加えられてきた．『原論』が長い間読み継がれ，さらに研究の対象になってきたのもそのような理由による．

3.7 論証数学の成立

『原論』の第1巻には，古代に非常に詳しい注釈が書かれた．プロクロスの『エウクレイデス「原論」第1巻への注釈』がそれである．

第2章で述べたように，プロクロスによれば，ピュタゴラスは幾何学の原理を最初から純理論的に研究し，論証数学の創始者のごとく記述されている．さらにそこでは，プラトンは幾何学そのほかの数学分野の発展に寄与し，あらゆる機会に数学を讃美したと，プラトンにも最大の賛辞が与えられている．

つい最近に至るまで，以上のプロクロスの記述は無批判的に採用されてきた．しかしプロクロスの生きた時代はエウクレイデスからおおよそ700年も後で，これほど時間を経た記述をそのまま信用することはできるのだろうか．さらに問題は，そのプロクロス自身が新プラトン主義哲学者であったことである．したがってプロクロスはプラトンを讃美し，そのプラトンがピュタゴラス学派を美化したゆえに，プロクロス自身もピュタゴラスを過大に評価することになったのかもしれない．そのため今日では，ピュタゴラスの発見と言われるものは，どれもピュタゴラスのものではないとする学説さえも出てきているほどである．

では誰が論証数学の発見者なのであろうか．この疑問に答えるのは現在のところ困難だが，可能性の一つとして，キオスのヒポクラテスの名があげられる．この初期のソフィスト（ギリシャの知識人）は例外的にその数学上の業績が知られており（半径の異なる2つの円弧に囲まれた月形図形の求積），そこに今のところ最古の論証数学の形跡が見られるからである．こうして彼の活躍した前440年頃のアテネで論証数学が成立した可能性が高いと言えそうである．

論証数学は，古代ギリシャにおいてソフィスト達の活躍した時代に，対話と弁論の中で鍛え上げられ成立したものと言えるであろう．実際プラトンの対話篇（たとえば『メノン』）における記述スタイルは，数学の論証のすすめ方と類似していると言える．そのスタイルは数学とは異質とみられてきた法律や弁証法と同じ文化の中で育まれたということを示す．こうして論証数学は，対話と弁論が制度的に保証されたギリシャ民主制のたまものであると言い得るであろう．

学習課題

⑴ 『原論』の命題をどれか選び，どの部分が「言明」，「提示」，「特定」，「設定」，「証明」，「結論」に相当するかを調べてみよう．

⑵ 『幾何原本』(漢訳『原論』) では，I-定義1はどのように表されているかを確認してみよう (**3.2** を参考).

⑶ 数学における証明の役割を考えてみよう．

⑷ 無理数，無理量，非共測量，通約不能量の意味を考えてみよう．

参考文献

・斎藤憲・三浦伸夫『エウクレイデス全集』第1巻，東京大学出版会，2008.
　『原論』1-7 巻までの訳と詳細な解説を含む.

・伊東俊太郎他『ユークリッド原論』，共立出版，2011 (追補版).
　『原論』全巻の訳を含む.

・斎藤憲『ユークリッド「原論」の成立』，東京大学出版会，1997.
　近年の『原論』研究の成果が詰まっている.

・斎藤憲『ユークリッド「原論」とは何か』，岩波書店，2008.
　6巻までの『原論』の解説と諸問題をわかりやすく説いている.

・B.アルトマン『数学の創造者』(大矢建正訳)，シュプリンガー・フェアラーク東京，2002.
　『原論』全巻に対して読み方や特徴をわかりやすく指摘している.

4　アラビア数学の成立と展開

《目標＆ポイント》 アラビア世界はギリシャやインドから数学を受容し，それらをさらに独自に展開したが，その発展の背景を理解する．その際アラビア数学と宗教としてのイスラームとの関係も視野に入れる．また我々が今日用いる 10 進位取り記数法，アラビア数字，そしてゼロの特徴を歴史的に理解する．
《キーワード》 アラビア数字，ゼロ，アルゴリズム，位取り記数法，遺産分割計算

4.1　アラビア数学，それともイスラーム数学？

アラビア数学とは，8 世紀後半から 15 世紀頃までのイスラーム文明下における数学ということにしよう．イスラーム文明の領域は，東は中央アジア，西はイベリア半島や北アフリカまでの広大な地域を覆うもので，その地の支配的な宗教はイスラームであるが，ムスリム（イスラーム教徒）のみならずユダヤ教徒，キリスト教徒（異端とされたネストリウス派や単性論派）など，様々な宗教の信者も数学研究にかかわった．

この時代の学術語はアラビア語なので，数学書がアラビア語で書かれたという意味で，イスラーム数学ではなくアラビア数学と呼ぶのが習わしである．確かに後代になるとペルシャ語やオスマン語（アラビア文字を使用するトルコ系言語で，オスマン帝国で使用）などで書かれたり，それらに翻訳されたりすることも多くなるが，それでも圧倒的多数の作品ではアラビア語が使用された．こうして今日アルジェブラ，アルゴリズム，

ゼロなどアラビア語起源の数学用語が残されているのである．とはいえアラビア数学は時間的空間的に広大であるので，一言でまとめるのは困難である．

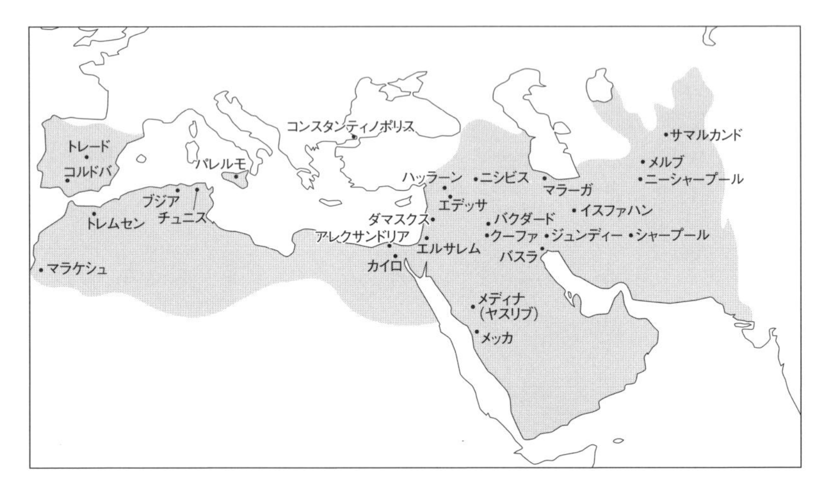

アラビア科学の領域（10世紀頃）
出典：伊東俊太郎『近代科学の源流』中公文庫．2007，p.158．一部修正

4.2 アラビア数学の始まり

初期のアラビア数学は，古代のバビロニアやペルシャの影響を受けたと考えられるが，詳細は不明である（幾何学に相当するアラビア語のハンダサは，ペルシャ語で計測や大きさを意味するアンダーザに由来する）．イスラームが成立したのは621年であるが，数学を含め科学が開花するのは，アッバース朝（750-1258）が成立して少し経った9世紀からである．この時期カリフであるマアムーン（在位813-833）は，首都バグダードに多くの学者たちを集め，短期間のうちにギリシャやインドの数学をアラ

ビア語に翻訳させた．また「知恵の館」という学術研究所あるいは図書館を開設した．

ギリシャの主要な数学書はギリシャ語から直接，あるいはシリア語を介してアラビア語に訳された．そこで活躍した翻訳者の多くは数学者でもあった．すなわち翻訳と独自の研究とが同時期同人物によって行われたのである．そのため，しばしば同じ著作がほかの人物によって重複して訳されることもあったし，翻訳と同時に注釈が加えられることもあった．アラビアでは早い段階でハッジャージ（800 年頃活躍）によりエウクレイデス『原論』の翻訳がなされ，その後のイスハーク・イブン・フナイン（?-911）による『原論』の翻訳はサービト・イブン・クッラ（836-901）によって改訂された．翻訳されたものの中には，今日ギリシャ語原典がすでに失われてしまい，アラビア語訳のみしか知られない重要な数学書も存在する．メネラオス『球面論』，ディオファントス『算術』第 4-7 巻，アポロニオス『円錐曲線論』第 5-7 巻などである．したがって，ギリシャ数学史研究のためにはアラビア数学をも射程に入れなければならないのである．

4.3　数学の分類

アラビア語で数学はリヤーディーヤート（riyāḍīyāt）と言う．これは訓育という意味で，ギリシャ語のマテーマティカ（**2.2** 参照）に通じるものである．ここでアラビア数学にはどの様な部門があるのかをアラビアにおける学問分類から見ておこう．アラビアでは，ギリシャの学問が移入されたときから，それらと宗教としてのイスラームとの整合性を求めて学問分類がしばしば論じられた．それらはギリシャのアリストテレス的分類からイスラーム的分類まで千差万別である．ここではアラビア数学が十分展開した比較的後期の，歴史家であり政治家でもあるイブン・

算　術：	数論，計算術，代数学，取引算術，遺産分割計算
幾何学：	エウクレイデス『原論』，球面図形，円錐曲線，測量術，光学
天文学：	天文表，占星術
音　楽	

イブン・ハルドゥーンによる数学の分類

ハルドゥーン（1332-1406）による数学分類をその『歴史序説』から見ておこう．

数論は数の性質に関するもので，等差・等比数列の和，多角形数，偶数・奇数などを扱うが，理論的なだけで実用には役立たないとされる．それに対して計算術は四則演算を扱い，そこには基礎が含まれ自己訓練を要するので，若い頃に学ぶべきであるとする．代数学は２次方程式解法とその幾何学的証明を示す．取引算術は商業算術で，方程式解法や分数計算などを具体的に行う．遺産分割計算はイスラーム法に従い遺産分割の計算を扱う．

幾何学の出発点はエウクレイデス『原論』であり，アラビア数学における幾何学の位置はギリシャ同様非常に高い．幾何学は，石鹸が衣服の汚れを洗い流すように心に作用するとされ，幾何学を習得すると錯誤に陥ることはほとんどないとされた．すなわち幾何学における論証法がとりわけ評価されているのである．球面図形は建造物（ムカルナースやドーム）

ムカルナース

英語ではスタラクタイト．蜂の巣状の天井を指す設計に有用であるとされ，また円錐曲線の中ではとりわけ楕円が重要視された．測量術は距離計測や様々な形状の面積や体積を求めるものである.光学や音楽が数学の中に含まれるのはギリシャにならってのことである．天文表は天文計算に使用される表であり，占星術は占いではあるが，その計算は天文学に基づく．

先のイブン・ハルドゥーンは西方アラビアの人物であるが，反対の東方アラビアでは興味深い記述が見られる*1．ナシールッディーン・トゥーシー（1201-74）はサマルカンドの天文台台長で，万学に通じたアラビア世界有数の大学者の一人であるが，数理科学テクストを学習順に並べている．彼は，始点をエウクレイデス『原論』，最終目的を天文学書のプトレマイオス『アルマゲスト』としながら，その間で学ぶべきテクストを「中間の学」と呼んでいる．そこであげられている著作リストを見ると，13世紀においてもなおアラビアでは，ギリシャ数理科学がいまだ重要な役割をしていたことがわかる．そこには，エウクレイデス『デドメナ』，同『オプティカ』，同『ファイノメナ』，テオドシウス『球面論』，アルキメデス『球と円柱』，アルキメデス『円の計測』，メネラオス『球面論』などが含まれている．

ところでイブン・ハルドゥーンでは言及されていない重要な数学分野がある．順列組合せ論と不定方程式論*2である．

アラビア語の単語は主として三つの子音からなる．そのため，それらの組合せでいくつ単語をつくることができるか，という議論が早い時期に言語学上で論じられていた．やがてそれは数学の分野としての順列組

＊1　アラビア世界では東をマシュリーク（太陽の登るところ），西をマグレブ（太陽の沈むところ）と呼ぶ．東方アラビアは地中海東岸，エジプト，イラク，イラン，中央アジアを指し，西方アラビアは北アフリカ，イベリア半島を指す．

＊2　不定方程式については **5.6** 参照.

合せ論に発展する．それはさらに代数学と結びつき，すでにカラジー（？-1019）の時代の10世紀には，$(a+b)^n$ の展開係数であるいわゆる「パスカルの三角形」も知られていた*3．これは中国でも知られ，11世紀には北宋の数学者賈憲は開方作法本源図と呼んでいる．

以上からわかるように，アラビア数学は近代西洋を先取りする題材の数々をすでに見いだしてはいる．しかし微積分学はまだ登場していないことに注意しよう．数学は天文学を内に含んではいたが，天と地が分断されて理解されている世界にあっては，天文学は地上の力学とは関係を持たず，また西洋近代のような数学と力学（運動論）の結びつきはなく，それらの研究は別個に展開していったのである．

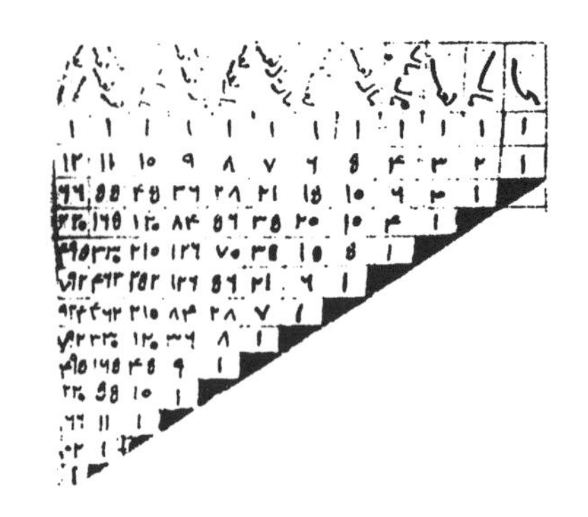

カラジーの写本に見える「パスカルの三角形」

開方作法本源図

賈憲の元の図は存在せず．『永楽大典』（15世紀初頭）所収の図に基づく

＊3　この展開係数を示す三角形はパスカル（1632-62）が見出したとされているが，それ以前にすでにアラビアや中国では広く知られていた．

4.4 アラビア数字とゼロ

アラビア数学と聞いて思い浮かぶのは，今日計算に用いる算用数字，すなわちアラビア数字であろう．1-9 の数記号，ゼロの概念，位取り法を合わせ，インド・アラビア式記数法と呼ぶ．それは数学上のみならず人類文化史上最も基本的な事柄であるにもかかわらず，その成立と伝達の歴史的詳細はあまりわかっていないのが現状である．

1-9 までの数記号の起源は古代インドの「ブラーフミー数字」で，それは紀元前 3 世紀中頃までさかのぼると考えられている．そしてそれが 8 世紀頃アラビア世界にもたらされ，今日のアラビア世界でも使用されて

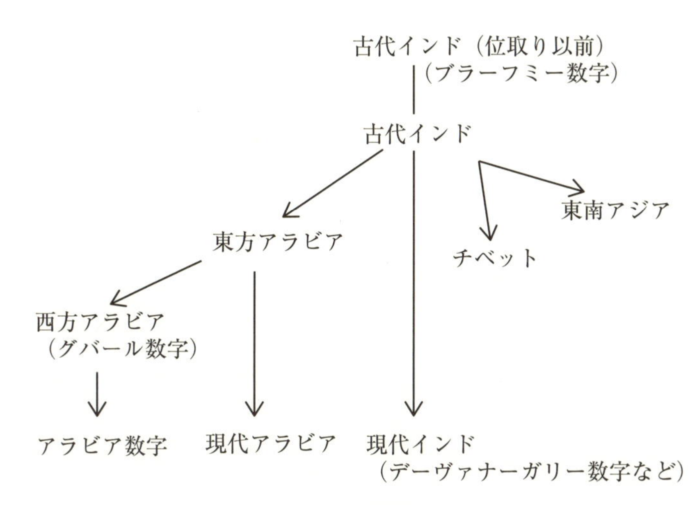

数字の伝播

アラビア数字	0	1	2	3	4	5	6	7	8	9
現代インド	०	१	२	३	४	५	६	७	८	९
現代アラビア	٠	١	٢	٣	٤	٥	٦	٧	٨	٩

いる数字ができあがったとされている．これはインドからもたらされたので，アラビア語ではインド数字と呼ばれている．しかしこの数字は今日我々が一般的に用いる数字とは形が異なることに注意せねばならない．

西方アラビアではインド数字の変種グバール数字というものも存在し，それが10世紀頃イベリア半島を通じて西洋にもたらされ，今日我々が用いる数字ができあがったとされる．アラビアからもたらされたので，今度は西洋ではアラビア数字と呼ばれたのである．グバールとはアラビア語で砂や塵を意味し，それらを書板[*4]上に蒔き，その上に尖った棒で数を書いて計算したのでその名前を持つ．

アラビア数字が用いられたのは複雑な高位の数からなる天文表であった．他方数学で主に用いられたのは，奇妙なことに，通常は数字ではなくアラビア語の数詞で，しかも数学は文章で書かれていたのである．したがって数学テクストは相当煩瑣な記述になっていた．そのほか「ジュンマル記数法」（または「アブジャド記数法」）という記数法もあった．それはアラビア語アルファベット（アブジャドと言う）に数を対応させた記数法で，ギリシャなどでも同様に使用された文字記数法である（**2.3** 参照）．アルファベットの個数に限りがあるので，この記数法は大きな数を示したり実際の計算には不向きで，主に計算結果の表記手段として行政文書などに用いられた．

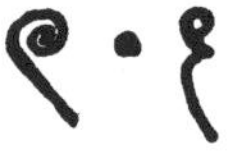

6 0 5

605年を示すクメール語碑文

次にゼロについて見ておこう．60進法による位取り記数法はすでに古代バビロニアにも存在した．そこでは空位を表

＊4　石や木でできた板で，その上に文字を書く．石板や黒板と考えればよい．計算に使用するときはとくに算板という．

す記号が考案されていたが，末尾には用いられなかったので，その記号は数とは見なすことはできない．現存資料によると，今日我々が用いる形状に近いゼロはインドが起源である．インド北西部で発見された『バクシャーリー写本』(現存するのは8-12世紀頃) は，ゼロを示す点を用いて位取りで数が書かれている．年代が確定しているものでは，東南アジアにおけるインド文化の影響で書かれた碑文があり (683年)，カンボジアのクメール語碑文にはゼロが点で，古マレー語の碑文では丸で表されている．こうして現在のところ，ゼロを含むインド・アラビア式記数法の起源は少なくとも6世紀頃のインドに遡及できると推定されるが，さらに紀元前3世紀中頃に遡及できるとの主張もある．

さてこのゼロはやがて単なる数記号から数に成長する．すなわち演算に用いられるようになる．それはインドではサンスクリットでシューニヤ (空虚，欠乏を意味する) と呼ばれ，空位を意味する．8世紀ころインド・アラビア式記数法がアラビア世界にもたらされると，それは意訳されアラビア語でシフルと呼ばれた．しかし後にアラビア世界から西欧ラテン世界に紹介されると，今度は音訳されゼフィルムなどと呼ばれた．このことは当時西洋ではゼロの概念が理解されていなかったことを示唆する．実際このラテン語から，英語の cipher (暗号) や decipher (暗号を解読する) が作られるが，それらが暗号に関係づけられるのは，当時もその後もゼロの概念の把握が十分ではなかったことを意味する[*5]．ゼロは不在を意味し，数える対象が存在しないので，数を指すと理解するには思考上の飛躍が必要なのであった．

インド	शून्य śūnya
アラビア	صفر ṣifr
ラテン	zephirum
近代イギリス	cipher, zero

文明圏におけるゼロの呼び方

＊5　フランス語で数を意味する chiffre にも暗号という意味がある．

4.5 アルゴリズム

アラビア世界では，8 世紀にインドからインド・アラビア式記数法がもたらされたが，それを扱った初期の書物の一つがフワーリズミー（9 世紀前半に活躍）のものである．しかしこのアラビア語テクストは失われてしまい，今日そのラテン語訳（12 世紀）『インド人たちの数』のみが存在する．そのラテン語訳から判断する限り，そこでは 1 から 9 までの数字と 0 とを用いた 10 進位取り計算法が扱われている．計算は算板上で行われ，計算しながら数字が次々と消されていくので計算過程がわかりにくいという欠点を持つ．

上記フワーリズミーの本のラテン語訳は「アルゴリズミは言った」（Dixit algorizmi）で始まる．アルゴリズミとラテン語訳された彼の名（al-Khwārizmī）は，その後人名であることが忘れ去られ，インド・アラビア式計算法自体が英語でアルゴリズム（algorism）と呼ばれるようになった[*6]．

さてインド・アラビア式計算法に関する現存最古のアラビア語の書物は，クーシュヤール・イブン・ラッバーン（971 頃-1029 頃活躍）の『インド式計算法の諸原理』で，そこでは四則や開平法などが述べられている．いまここで乗法計算を 243×325 の例でみておこう．

325 の百位の 3 を 243 のそれぞれの位に掛けることから始める．最初に最高位の数 3×2 から得られる 6 を，243 にある 2 の上に書き，次いで 3×4＝12 を桁をずらして先の 6 に加え 72 とする．最後は 3×3＝9 であ

＊6　これが人名とわかったのは，ずっと後の 1849 年東洋学者レイノー（1795-1867）によってである．現在は，ギリシャ語の ἀριθμός（arithmos，数）の語形からの連想で algorithm という形が用いられることが多く，しかもその第一義はコンピュータサイエンスで用いられるアルゴリズムである．

るが，この値はもとの最高位の 3 の位置に上書きする．次に 325 の 2 の演算に進む．その際，下の数字 243 を一桁右にずらして，同じように行う．本来は次々と上書きしていくが，その過程は次の図のようになる．

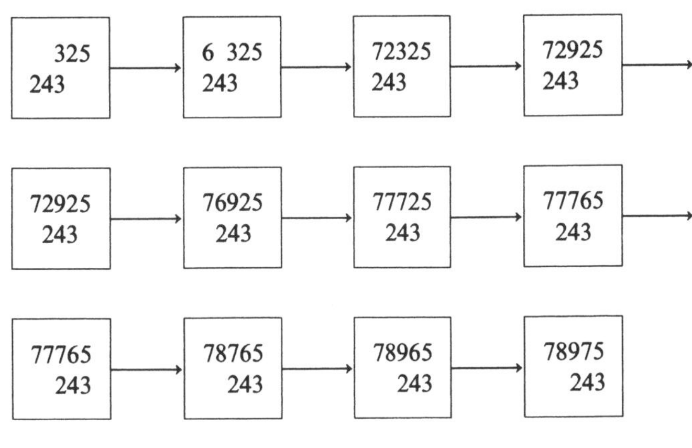

243×325 の計算

4. 6　小数の始まり

ウクリーディシー（10 世紀）の『インド式計算法について諸章よりなる書』(952-3) は，インド・アラビア式計算法を体系的に詳細に論じた点

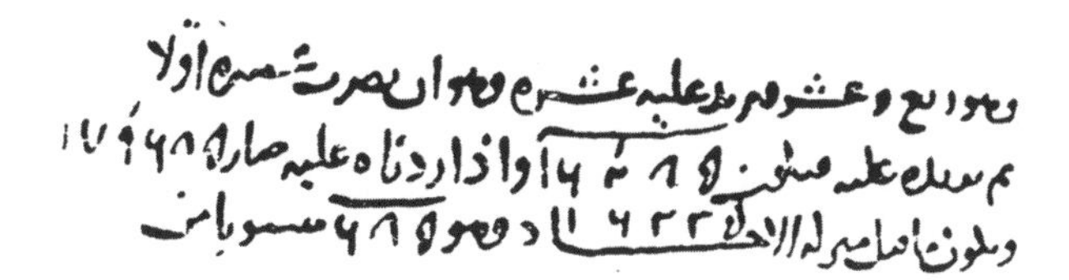

ウクリーディシーの小数記号

2 行目には 163.85 と 179.685 が見え，3 と 9 の上に短い縦線が引かれている．3 行目には 16335 と 685 の数字が見える

で重要である．さらにそこでは計算はそれまでの算板上ではなく，紙の上にペンで書くことが前提とされ，計算過程を後から追うことができる．しかしウクリーディシーの貢献はそればかりではなく，限定的ではあるが小数を初めて使用したことにある．彼は言う，「奇数を二分するとき，1の半分としてその前に5を置く．そして場所を示すために1位の場所にはその上に印がつけられる」．その印とは数の上に短い縦線を引いた小数記号である．

彼自身は小数を体系的には述べておらず，すでに当時から小数記号が用いられていたことをうかがわせる．小数は量を好きなだけ精密に表すことができ，数値計算上実用的で，天文学に適用されていくなかで，数概念が拡張されていく．なおウクリーディシーという名前は綽名であり（エウクレイデスのアラビア語表記），人物の詳細は不明であるが，『原論』を筆写することを生業としていたのであろう．

その後小数はサマウアル（？-1175頃）の『計算術教程』（1172）によって体系的に論じられ，ここにいたって小数概念は確立したといえる．それはさらにビザンツ世界にもたらされ，そこではトルコ式と呼ばれ，15世紀に書かれたギリシャ語テクストでは，小数点に対応する記号が縦線で示されている．

こうして小数はアラビア世界では10世紀に，ビザンツ世界では15世紀には広く用いられていたことがわかる．なおこのトルコ式小数表記は，ウィーンで出版されたクリストフ・ルドルフ（1499頃-1545頃）のドイツ語数学書『例題小論集』（1530）に見られる小数記号と同じであることは興味深い．1529年のオスマン帝国によるウィーン包囲の直後だからである．

4.7 イスラーム的数学―遺産分割計算

イスラーム世界に特徴的な数学の適用を見ておこう．イスラーム法では遺産分割には詳細な規則が定められ，『クルアーン』の中にも「アッラーのお決めになった分配法」としてそれが見える．たとえば第12節「女」の一部をまとめてみよう．

- 男子には女子の2倍を分配せねばならない．
- 女子が二人以上の場合は3分の二，一人の場合は半分．
- 男子がいる場合，両親にはそれぞれ6分の一，子供がいない場合は母親に3分の一，等々．

これら細部にわたる分配計算は，本質的には比例計算や連立1次方程式で解決できる．フワーリズミーは代数学書（**5.2**参照）の第2部をこの遺産分割計算に当て，1次方程式で解決する方法を確立した．こうしてそれ以降，遺産分割計算は数学の一分野として認められるようになり，法学者兼数学者フブービー（10世紀）など，多くの学者がその題材について著作を残している．ただし代数学が成立する以前からイスラーム世界には遺産分割計算は存在したが，そこに方程式が登場することはもちろんない．したがって，「アラビアの代数学は遺産分割計算である」と誇張してまで言われることがあるが，これは一種の数学プロパガンダとみなせばよいであろう．実際この題材には比例計算だけで十分なので，代数学は不要であるという反対者も常に存在した．いずれにせよ，遺産分割計算にイスラームにおける数学の特殊な適用が見えてくる[*7]．いまここで具体例を挙げておこう（フワーリズミー『ジャブルとムカーバラの書』より）．

＊7　ただし遺産分割計算はすでに古代バビロニア数学にも見られる．

ある男が二人の息子と二人の娘に財産を与えた．ただしイスラーム法によれば，息子には娘の 2 倍の財産が分配される．さらに一人の男には，財産の $\frac{1}{3}$ から娘の分配を差し引いた残りの $\frac{1}{5}$ を娘の分配に加えたものを，もう一人の男には，財産の $\frac{1}{4}$ から娘の分配を差し引いた残りの $\frac{1}{3}$ に娘の分配を加えたものを与えた．

このとき全財産を C，娘一人の分配を x として計算してみる．第一の男には $x+\frac{1}{5}\left(\frac{1}{3}C-x\right)$，第二の男には $x+\frac{1}{3}\left(\frac{1}{4}C-x\right)$ 与えるので，

$$C=2\cdot x+2\cdot 2x+\left\{x+\frac{1}{5}\left(\frac{1}{3}C-x\right)\right\}+\left\{x+\frac{1}{3}\left(\frac{1}{4}C-x\right)\right\}.$$

よって，$C=\frac{448}{51}x$*8．ここから $x=\frac{51}{448}C$ となる．こうして 1 次方程式で計算できる．

4.8 アラビア数学を支えたもの

アラビア数学はすでに 10 世紀頃から各地に分散し発展していく．バグダードは変わらず一大中心地であり，さらにカイロも中心地となり，西はコルドバ，フェズ，トレムセン，東はサマルカンドや北インドまで広がっていく．サマルカンドで活躍した数学者カーシー（1380 頃-1429）の頃を境に，数学研究の最先端はアラビア世界から西洋に移行していく．しかしこれは中世「アラビア数学」自体の終焉というよりも，アラビアに比べて西洋数学が飛躍的に進展したということを意味するにすぎな

＊8　ここで作者は C, $\frac{1}{3}C$, $\frac{1}{4}C$ が整数になるようにしている．すると $x=51\cdot nt$ と置くと，$n=3$．よって分配は，2 人の息子：2 人の娘：1 人の男：もう 1 人の男 ＝153：306：106：104.

い.

アラビア数学が発展した社会的文化的背景は，他方でその衰退の説明にもなるが，複合的なものである．まず挙げられるのは強力なパトロンの存在である．中世アラビアには近代西欧のように，「科学」を継続的に研究する大学などの制度的学問研究機関があったわけではなく，数学や科学の発展は為政者の意向にかなり依存していたと言える．アラビア数学は多分に宮廷学問的性格を帯びているので，カリフ，高級官吏などのパトロンからの支援は興隆の重要な契機であった．当時確かにマドラサと呼ばれる学校が各地に存在してはいた．しかしそこで教えられたのは法学，神学など主として宗教的学問であり，数学に関して言えば，簡単な計算法程度であったにすぎない.

第2は，情報伝達手段としての共通語アラビア語の存在，そしてイスラーム帝国における交通網の存在である．しかし時代の後半になると研究の中心地が各地に分散していき，しかも政治的混乱により情報伝達に滞りが生ずることになる．アラビア世界東西で用いられた数字の形が異なるのもそういったことが原因であろう.

第3は思想的なものである．アラビア世界にはギリシャ的学問の愛好者がしばしば現れ，数学，哲学，論理学，自然学などギリシャ的学問を支援した*9．他方でそれとは異なる見方をする者もいた．スンニー派イスラームに多大な影響を与えた神学者ガザーリー（1058-1111）は，学問を，宗教的学問と知性的学問に分類し，さらに後者を信仰と有益性とを基準にして次のように分類する.

＊9　ギリシャ的学問は「外来の学」と呼ばれ，哲学，論理学，医学，算術，幾何学，天文学，音楽，機械学，錬金術を指す．それに対してイスラーム独自の「固有の学」は，法学，神学，文法，秘書学，韻律学，詩学，歴史学の7つ.

・称賛すべき学問（算術，医学）
・非難すべき学問（魔術，占星術など）
・許容される学問（詩学）

ここでは算術は称賛すべき学問ではあるが，それはイスラーム信仰に寄与するという意味での話である．信仰に資する学問は称賛されるべきであるが，他方信仰の破壊に繋がるものは非難された．ガザーリーは言う，「神よ，無用な知識から我々を守り給え」．したがってガザーリーの影響の強い時代や地域では，信仰や生活に役立つ程度の数学研究は称賛される一方，過度の数学研究は慎まなければならなくなる．こういった神学思想の波の強弱によって，数学研究も浮沈した．

ここでいう中世の「アラビア数学」はひとまず15世紀頃で終焉するが，もちろんアラビア語による数学書はその後のオスマン帝国（1299–1922）でも書かれ続け，バハーディーン・アーミリー（1547–1622）など優れた数学者も個別的にいた．彼等はとりわけ今日のイラン，トルコ，インド，北アフリカ地域に多く輩出し，北アフリカ地域では今日に至るまでアラビア語による伝統的な「アラビア数学」が継続しているのである．他方で19世紀頃になると，今度は西洋で展開した近代数学が，英語やフランス語からアラビア語やオスマン語などに翻訳され，中東や北アフリカに紹介されていく．

学習課題

(1)　男が息子一人，娘二人，母親を残して死んだ．そのときの各々の遺産の分配はどれだけか．

(2)　721×356を本文（**4.5**）の方法で計算してみよう．

(3)　アラビア数字の形の変遷を字形から推定してみよう．

(4)　カラジーの「パスカルの三角形」（**4.3**）にみえる数字を解読してみよう．

参考文献

・伊東俊太郎『近代科学の源流』，中公文庫，2007.
　　中世科学に関する日本語で読める最も基本的文献.
・イフラー『数字の歴史』（松原秀一・彌永昌吉監修），平凡社，1988.
　　数字の歴史に関する百科的参考書.
・メニンガー『図説　数の文化史』（内林政夫訳），八坂書房，2001.
　　文化の中の数字に関してわかりやすく紹介.
・リンドバーグ『近代科学の源をたどる』（高橋憲一訳），朝倉書店，2011.
　　日本語で読める中世科学に関するものとしては，最も詳しい.
・林隆夫『インドの数学』，中公新書，1993.
　　世界的インド数学史専門家による概説書.
・フンケ『アラビア文化の遺産』（高尾利数訳），みすず書房，2003（新装版）.
　　アラビア科学に関する興味深い話が豊富.
・ジャカール『アラビア科学の歴史』（遠藤ゆかり訳），創元社，2006.
　　カラー写真を多く取り入れたアラビア科学史入門書.

5　アラビアの代数学

《目標＆ポイント》 アラビア数学でもっとも華々しく展開したのは代数学である．ここではそこで用いられる演算用語，古代ギリシャ数学との関係を理解し，さらにギリシャを超える点は何かを考える．アラビア代数学が進展していく中で数概念が変化したことも合わせて見ていく．
《キーワード》 ジャブルの学，「幾何学的代数」，図解，不定方程式，数の概念

5.1　ジャブルの学

アラビア数学で最もよく知られた事柄は代数学の展開である．代数学は英語でアルジェブラ（algebra）というが，これはアラビア語のアル＝ジャブル（al-jabr）に由来する（al はアラビア語の定冠詞）．ジャブルは「崩れた骨を元通りにすること」を意味し，中世以来アラビア語の影響の強いスペイン語でも今日整骨術（álgebra）を表す．ジャブルを今日の数学言葉で言うと，移項して負項を除去する操作のことである．

ジャブルはさらにムカーバラ（muqābala）という単語と対になって用いられた．こちらの原義は「向い合わせる」で，今日の言葉で言えば，同類項を向い合わせ簡約する操作である．これらの操作を基本とする代数学は，中世アラビア世界では一般的に「ジャブルの学」あるいは「ジャブルとムカーバラの学」と呼ばれた．さらに以上の演算操作に加え，未知数の最高位の係数を 1 にする操作がある．それが 1 より大であるとき，その値で割る操作をラッダ，1 より小であるとき，その逆数を掛けて 1 にする操作をイクマール（またはタクミール）という．以上 4 つの操作

がジャブルの学の基本演算である．

具体例で演算操作を確認しておこう．本来式は文章で記述されていたが，ここでは煩瑣を避けるために現代記号で示しておく．当時は記号法もなく，負数概念もなく，さらにアラビア数字も用いられることは少なかったことに注意しておく（ただし後に記号法が見られる．**5.7** 参照）．

そこではまず1，2次方程式が次の6種の基本形に分類され（以下の係数はすべて正），解法はそれぞれ別個に論じられる．

単純型（$bx=c$，$ax^2=bx$，$ax^2=c$）
複合型（$ax^2+bx=c$，$ax^2+c=bx$，$bx+c=ax^2$）

以上のように分類されているのは，負の数が認められなかったからである．

$x^2+(x-10)^2+40x=178$ という関係式があったとする．
展開して

$$x^2+x^2-20x+100+40x=178.$$

ジャブルによって

$$x^2+x^2+100+40x=178+20x.$$

ムカーバラによって

$$2x^2+20x=78.$$

ラッダによって

$$x^2+10x=39.$$

こうしてこの方程式は基本形に還元される．

さてジャブルの学に用いられるのは3種の数ジズル，マール，アダド・ムフラドである．

アラビア語でジズル（根）とは自らに掛けられる数のことで，その自乗はマール（財）という．一般的には前者は1次の未知数，後者は2次の未知数を表す．とくに未知のジズルはシャイ（商品）と呼ばれる．以下ではジズルまたはシャイを x，マールを x^2 で表すことにする[*1]．三番目はこれらとは独立して存在するアダド・ムフラド（独立数）で，これは通常，ディルハムやディーナールなど当時使用されていた貨幣重量単位を伴って用いられる．こうして先の方程式は，「1 マールと 10 シャイとが 39 ディルハムである」と表現される．以上の用語（財，商品など）から，ジャブルの学は本来商業計算に関係していたと想像できる．

シャイ（あるいはジズル），マールそしてアダド・ムフラドの 3 者の間の関係を示し，そこから未知数の値を求めるのが「ジャブルの学」である．

5.2 フワーリズミーと 2 次方程式

ジャブルの学で最もよく知られている人物は前述（**4.7**）のフワーリズミーである．その『ジャブルとムカーバラの書』は 1，2 次方程式の解法を扱い，ジャブルの学の古典として，アラビア世界のみならず，12 世紀にはラテン語に翻訳され，中世西洋でも多大な影響を与えた．

ところでその解法であるが，ここでは「マールとジズルとがアダド・ムフラドに等しい」というタイプの，先ほどの例 $x^2+10x=39$ を示しておこう．

まずは言葉で代数的解法が述べられる．

> ジズルを半分にする．この問題ではそれは 5 である．そしてそれを自身に掛けると 25 になる．それを 39 に加えると 64 になる．次に，その平方根をとると 8 である．そこからジズルの半分，すなわち 5 を引

＊1　本来マールは特定の次数を示すわけではなく，シャイの自乗を示すにすぎない．

くと3が残る．これが求めるマールのジズルであり，マールは9となる．

記号法がないので上記のような文章の形でしか表現できないが，この意味するところは，$x^2+bx=c$ の解は正だけを認めるので

$$x=\sqrt{\left(\frac{b}{2}\right)^2+c}-\frac{b}{2}$$

ということになる．係数という概念がないので，ジズルという言葉で今日の係数をも示している．またここでは最終的に求められているのは，ジズルのみならずマールもである．

その後必ず図解がつけられる．すなわち代数的解法が幾何学を用いて証明されるのである．いまここで上記の例の図解を示すと次のようになる．

x^2 なる正方形を中心にとり，そのまわりに図（左）のように，1辺が x の係数10の $\frac{1}{4}$ の長さの長方形を4つ加える．すると正方形と4つの長方形の和は $x^2+\frac{10}{4}\times x\times 4$（$=39$）となり，四隅に1辺が $\frac{10}{4}$ の正方形を加えると平方完成できる．こうして，全体の正方形の1辺は $\sqrt{39+\left(\frac{10}{4}\right)^2\times 4}=8$ となり，$x=3$ が求まる．

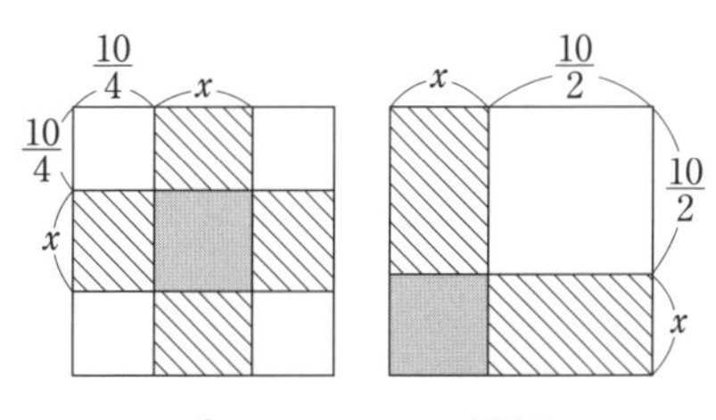

$x^2+10x=39$ の図解

さらに別証明もつけられている．x^2 なる正方形を左下にとり，そのまわりに図（右）のように，一辺が x の係数10の半分の長さの長方形を2

つ加えL字型にする．すると正方形と２つの長方形の和は x^2+10x（$=39$）となり，$\frac{10}{2}\times\frac{10}{2}$ の正方形を右上に加えると平方完成できる．こうして，全体の大きな正方形の１辺は $\sqrt{39+25}=8$ となり，$x=3$ が求まる．

複合型のほかのタイプは，これとは異なる図解が与えられることに注意しよう．

フワーリズミーのこの著作は２部からなるとされ，その第１部前半が以上の１，２次方程式の解法であった．後半は幾何学で，具体的測量問題が代数を用いて解かれている（右図参照）．第２部は最も長く，遺産分割計算が扱われている（**4.7** 参照）．フワーリズミー以降，この新しく生まれたジャブルの学は多くの後継者を生み，アラビア世界で展開発展していくことになる．

フワーリズミー『ジャブルとムカーバラの書』の幾何学の部分

5.3　サービト・イブン・クッラと「幾何学的代数」

サービト・イブン・クッラ（826-901）はアラビア数学初期の最も優れた数理科学者である．その『幾何学的論証によるジャブルの諸問題の確立』では，エウクレイデス『原論』Ⅱ-5，６が２次方程式の代数的解法と一致することが簡潔に示されている．

『原論』Ⅱ-6は，「直線ABがGで2等分され，何らかの直線BDがABと1直線をなすように付け加えられるなら，ADとBDとによって囲まれた長方形に，GB上の正方形を合わせたものは，GBとBDとを合わせた直線の上の正方形に等しい」，というものである．つまり式で表すと，$\mathrm{AD}\cdot\mathrm{BD}+\mathrm{GB}^2=\mathrm{GD}^2$となる．

ここで$x^2+bx=c$を考える．$\mathrm{AB}=b$，$\mathrm{BD}=x$とおくと，

$$\text{長方形 ADMN}=\mathrm{DM}\cdot\mathrm{AD}=\mathrm{BD}\cdot\mathrm{AD}=x(x+b)=x^2+bx=c.$$

『原論』II-6より

$$c+\left(\frac{b}{2}\right)^2=\mathrm{GD}^2.$$

また

$$\mathrm{BD}=\mathrm{GD}-\mathrm{GB}.$$

よって

$$x=\sqrt{c+\left(\frac{b}{2}\right)^2}-\frac{b}{2}.$$

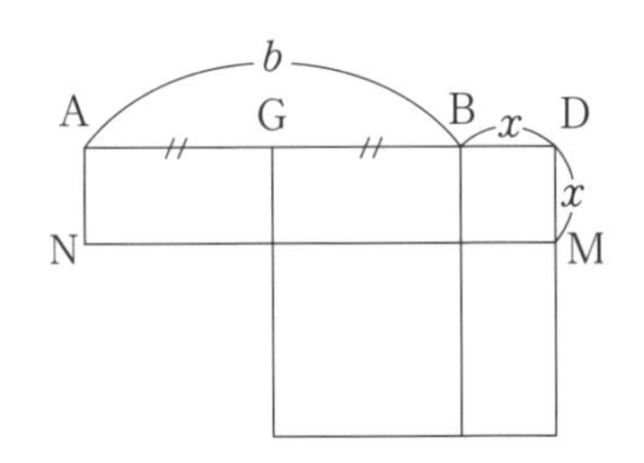

『原論』Ⅱ-6の図

すなわち，『原論』Ⅱ-6とこの型の2次方程式の代数的解法が対応する．

$x^2=c+bx$もII-6を用いて解くことができ，他方$x^2+c=bx$はⅡ-5に対応する．

サービト・イブン・クッラは2次方程式が『原論』を用いて解けることを示したが，逆に，『原論』Ⅱ-5，6は2次方程式の代数的解法を幾何学的に説明するために作られたと主張するのが，『原論』第2巻を「幾何学的代数」とみなす解釈である．今日の数学史研究上の論争点として，エウクレイデス『原論』は，古代バビロニアに存在したと解釈される2次方程式の代数的解法を幾何学的に書き直したものである，という議論がある（否定的見解が主流）．ただしそれとは別にして，アラビア数学初

期において『原論』の代数的解釈がすでに見られるのである.

5.4 アブー・カーミル

フワーリズミーのジャブルの学を受け継ぎそれを飛躍的に展開したのが,「エジプトの計算家」と呼ばれたアブー・カーミル（850 頃-930）である. 彼の代数学書『ジャブルとムカーバラの書』は, 2つ以上の未知数を使用, 3次以上の方程式に言及, 不定方程式の議論（後述）, 方程式の係数（に相当するもの）に無理数を承認, 2次方程式の幾何学問題への適用という点で新しい. アブー・カーミルは議論をさらに推し進め, 方程式そのものを数学的対象に向かわせようとしたといえる. 提示された問題を見ておこう.

> 10が二つの部分に分けられ, それぞれが他方によって割られ, 各々の商が自分自身に乗ぜられ, より小さい方をより大きい方から減じると, 残るのは2であるとせよ（問題50）

すなわち, $\left(\frac{x}{10-x}\right)^2-\left(\frac{10-x}{x}\right)^2=2$ である. このとき, $y=\frac{10-x}{x}$ とおき, $\frac{1}{y^2}=y^2+2$ から $(y^2)^2+2y^2=1$ を導き, $y=\sqrt{\sqrt{2}-1}$ を求め, そこから $x=10+\sqrt{50}-\sqrt{50+\sqrt{5000}}$ を求めている.

今日でいう無理数はギリシャでは非共測量であり, 数そのものではなかった. しかしアブー・カーミルはそれを方程式の係数や解の中で有理数とまったく同様に扱っており, そこではもはやそれは従来の数と区別されるものではなく, こうして無理数を含めた新しい数概念が誕生しつつあったといえる. ただしアブー・カーミルがそのこと自体を説明してはいないので，この数概念の拡張はアブー・カーミルの時代にはすでに一般的であったとも想定される．

彼はまたジャブルの学を具体的に幾何学問題に適用し，『正10角形と正5角形』では，円に内外接する図形の大きさを方程式を用い解いている．「その面積と高さの和が10となる正三角形が与えられたとき，その高さはいくらか」（問題12）では，高さをシャイ（x）とおいて解いている．ここで高さと面積という異なる類を加えるという，ギリシャ数学ではヘロンを除いて他にはあまり見られない禁則的発想が登場している．ここに現実を超え数学のための数学研究という指向が見てとれる．

5.5　ジャブルの学の自立——カラジーとサマウアル

当時ジャブルの学といえども図解にみられるように未だ幾何学が常に背景に存在した．それを超えジャブルの学の自立に導いたのがカラジーである．彼は『驚嘆すべきことども』でジャブルの学の算術化を行い，代数式（といっても文章で表現したものだが）に算術の四則演算を拡張した．したがって幾何学的要素が排除され，ここでジャブルの学がギリシャ的幾何学から離脱し自立することになる．ところでそのためには未知数の次数の処理が問題となる．彼は$x^m=x^{m-1}x$においてmは1から始まり無限に続くとし，4次以上の方程式も考察対象とする（これは幾何学的に描ける3次元を超えている）．また『原論』第10巻を代数的に書き換え，非共測量を無理数と解釈し，数概念の拡張に導いた．

サマウアルはカラジーの著作を補完し，さらにジャブルの学をエウクレイデス『原論』のように体系化することを目指して『バーヒル』（光輝）を19歳で著した．そこでは2次方程式，不定方程式，数列計算などが取り扱われるが，その準備として，多項式計算と累乗法則が述べられている．

x^2	x	1	x^{-1}	x^{-2}	x^{-3}	x^{-4}	x^{-5}	x^{-6}	x^{-7}
		$3\frac{1}{3}$	5	$-6\frac{2}{3}$	-10	$13\frac{1}{3}$	20	$-26\frac{2}{3}$	-40
20 6	30 0	 12							
	30 6	-40 0	 12						
		-40 6	-60 0	 12					
		-60 6	80 0	 12					
			80 6	120 0	 12				
				120 6	-160 0	 12			
					-160 6	-240 0	 12		
						-240 6	320 0	 12	
							320 6	480 0	 12

サマウアルによる $(20x^2+30x)\div(6x^2+12)$ の計算表

多項式計算は係数のみで簡単に処理され，単純な表を用いて近似値が求められている．

また $x^n x^{-m}=x^{(n-m)}$ という関係式を用い，小数概念も実質的に使用し，さらにアラビア数学で初めて正負について次のように論じている．

> 負の数（*nāqiṣ*）を，正の数（*zā'id*）で掛けると負の数となり，
> 負の数と掛けると正の数となる．

表現は未熟であるが，ここには西洋がずっと後に成し遂げることになる成果が見てとれる．ただし『バーヒル』は一部に回覧されたに過ぎず，その後の影響はあまりない．

5.6　不定方程式

ジャブルの学のテーマの一つに不定方程式がある．これはおそらく古代ギリシャのディオファントス『算術』のアラビアへの翻訳導入と関係している．『算術』はクスター・イブン・ルーカー（860頃-900頃活躍）によってアラビア語に翻訳された．本来のギリシャ語原本は全13巻であるが，そのうち現存しているのは6つの巻のみである．他方アラビア語訳はギリシャ語原典とは内容が重なり，ギリシャ語原典ではもはや存在しない4つの巻が残されている．こうしてギリシャ数学の『算術』は，アラビア語訳を視野において初めてより完全な形で復元できるわけである．さてその際注意すべきは，本来タイトルはギリシャ語でアリトメーティケー（算術）であったが，アラビア語に訳されたときはアル＝ジャブル（代数）という名に変更されたことである．すなわちここではギリシャ語著作が翻訳されたとき，アラビア数学の枠組みで再構築されたと言え，ギリシャ数学の変容を見ることができる．

アブー・カーミルが活躍したのはまさにこの翻訳の時期であった．現存資料では彼の代数学にアラビアで初めて不定方程式が現れるが，実際は当時の数学者達がすでに不定方程式（対応するアラビア語のサッヤールは「多くの解を持つ」の意味）に言及しているので，広く普及していたのであろう．アブー・カーミル自身は『算術』には見られないタイプの不定方程式も扱っている．たとえば次の問題（35問）である．

マールがあり，それにそのジズルの3つと1ディルハムを加えるとき，結果はジズルを持つ．またそこから，そのジズルの3つから2ディルハムを引いたものを引くなら，残りはジズルを持つ．

これはともに「ジズルを持つ」とあるので，平方根が出せる数，つまり平方数であることを示している．したがって

$$\begin{cases} x^2+3x+1=y^2 \\ x^2-(3x-2)=z^2 \end{cases} \qquad (y^2,\ z^2 \text{は平方数})$$

と表せる．ここで彼は，

$$\begin{cases} x^2+3x+1=y^2 \\ x^2-3x+2=(y+u)^2 \end{cases}$$

とおく．するとそこから

$$\begin{cases} x^2+3x+1=y^2 \\ -2uy=6x-1+u^2. \end{cases}$$

yを消して

$$(4u^2-36)x^2+12x-u^4+6u^2-1=0.$$

ここでアブー・カーミルは$(4u^2-36)=0$となるようにuを求め，$x=2\frac{1}{3}$，そして$x^2=5\frac{4}{9}$，$y=3\frac{2}{3}$，$z=\frac{2}{3}$と求めている．

アブー・カーミルの不定方程式はさらにカラジーやサマウアルによって展開されていく．

ハーズィン（960頃活躍）は，直角三角形の辺を構成する整数の組に関する興味深い問題を扱っている．彼は

$$\begin{cases} x^2+a=y^2 \\ x^2-a=z^2 \end{cases}$$

が解を持つことと，

$$\begin{cases} m^2+n^2=x^2 \\ 2mn=a \end{cases}$$

なる整数の組 (m, n) が存在することとは同値であることを示した．たとえば，$m=4$，$n=3$ のとき，$m^2+n^2=5^2$．よって $x=5$，$a=2\cdot4\cdot3=24$．このとき，$y^2=5^2+24=7^2$，$z^2=5^2-24=1^2$ となる．そして彼はこれに由来する数々の問題を解いていった．こうして数学者の間に平方和への関心が高まっていく．

その関係で興味深いのは，バグダードで活躍したイブン・ハッワーン（1245-1325）の仕事である．彼は『計算規則に有用なもの』で，彼自身を含め同時代人たちが解けなかった不定方程式問題のリストをあげている．そして，「我々は，それらの不可能性の証明ができるとは主張しないが，それらを解くことができないと断言できる」と記し，解けない問題の中には，「2つの立方数の和となるような立方数を書け」$(x^3+y^3=z^3)$ という，今日「フェルマの定理」として知られている問題の一例も含まれている．

5.7　3次方程式解法

10世紀ころからアラビアでは，クーヒーなどによりアルキメデスやアポロニオスなどのギリシャの幾何学研究が再燃された．その際アルキメデス『球と円柱』II-4が話題となっていた．この命題は，球を平面で分割したとき，その切片の体積が，与えられた比になるようにする，というものである．この問題は2つの円錐曲線の交点上に解を得るのと同じであることがすでに6世紀のエウトキオスによって見いだされ，アラビアではその問題は3次方程式解法に結びつけられるようになった．アルキメデスの問題のアラビアにおける再検討によって，ギリシャの幾何学的問題とアラビア代数学とは融合することになった．

ペルシャ人数理科学者オマル・ハイヤーム（アラビア語ではウマル・ハ

イヤーミー，1048-1131)[*2]は，『ジャブルとムカーバラに関する諸問題の証明』(1069-74 頃) で，3 次方程式を円錐曲線の交点上に求めるという幾何学的解法を確立した．彼は「代数学とは未知数を決定する方法である」と言い，その研究対象を，既知量と計量可能な大きさとしての未知量，つまり具体的には線，面，立体，時間などの連続量とする．その方法はギリシャ数学におけるアナリュシス（解析）とシュンテシス（総合）にあるとし，前者は方程式を導き，後者は幾何学的に証明することと解釈した．すなわち彼はアナリュシスを代数学と同一視しているのである．そしてエウクレイデス『原論』『デドメナ』，アポロニオス『円錐曲線論』を前提として議論を進める．ただし，彼が扱うのは 3 次までの方程式である．

3 次方程式は 14 種に分類されているが，その中の $x^3+px=q$ の型を見ておこう．彼は各項は同次でなければならないと考え，この方程式を $x^3+b^2x=c^3$ とみなす．

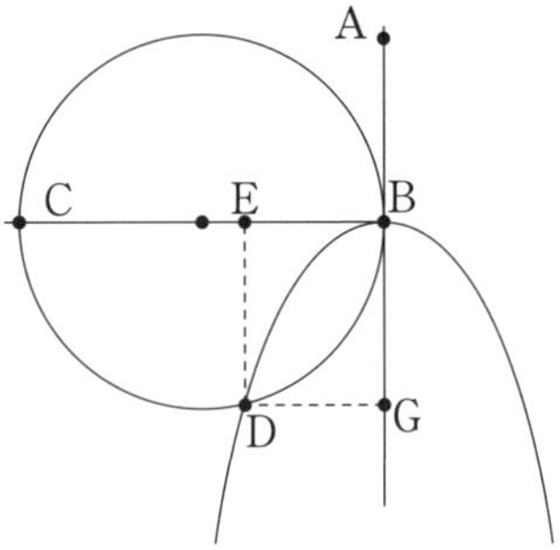

さて，AB＝b，$\mathrm{AB}^2\cdot\mathrm{BC}=c^3$ とおき，図のように放物線と円を描く．AB を通径すると，放物線の性質より，$\mathrm{DG}^2=\mathrm{AB}\cdot\mathrm{BG}$．また方巾の定理により BE/ED＝ED/EC．これらから最終的に $\mathrm{AB}^2\cdot\mathrm{BC}=\mathrm{BE}^3+\mathrm{AB}^2\cdot\mathrm{BE}$ を得る[*3]．この式は $c^3=\mathrm{BE}^3+b^2\cdot\mathrm{BE}$ となり，こうして BE＝x が解となる．

$x^3+px=q$ の幾何学的解法

彼はその後，方程式の解の可能性について場合分けして論じている．

＊2 『ルバイヤート』で有名な詩人オマル・ハイヤームは，今日この数理科学者とは別人であるとする説もある．

＊3 $\mathrm{DG}^2=\mathrm{AB}\cdot\mathrm{BG}$，BE/ED＝ED/EC，また ED＝BG，EB＝DG なので，AB/BE＝ED/EC．よって $\mathrm{AB}^2/\mathrm{BE}^2=(\mathrm{ED}/\mathrm{EC})\cdot(\mathrm{BE}/\mathrm{ED})=\mathrm{BE}/\mathrm{EC}$．よって $\mathrm{AB}^2\cdot\mathrm{EC}=\mathrm{BE}^3$．（次頁へ続く）

しかし彼はギリシャの伝統に従い同次法則を遵守し，さらに4次以上の方程式は立体を超えるので作図できず想定できないと述べ，いまだギリシャの幾何学的伝統を乗り超えることはできなかった．

ペルシャ人シャラフッディーン・トゥーシー（？-1213）*4は，『方程式論』でオマル・ハイヤームの研究を継続している．彼は$x^3+c=bx$という形の方程式において，$y=bx-x^3$と$y=c$との交点を求めるため，前者の最大値を考える．その計算の途中では形式的に導関数と同値な式が現れる（もちろん本来の導関数ではないが，外見上は同じである）．すなわち$3x^2=b$の解が極値を与えるというのであるが，式の由来は示されていない．一つの解αが見つかれば，$(x-\alpha)$でもとの式を割って2次方程式にして解を求めることができる．さらに解の存在条件を探求し，ここに至ってもはや彼はオマル・ハイヤームの代数学を遙かに超え，後のニュートンの逐次近似法に対応する数値解法を用いて近似解を具体的に求めている．

以上二人を概観したが，彼らは記号法こそ用いなかったものの，西洋17世紀のデカルトの解析幾何，ニュートンの方程式論にかなり近い段階に達していたのである．しかしいまだギリシャ伝来の幾何学的証明を重んじ，それによって自らの方法に基礎を与えようとしたのである．

（＊3の続き）　両辺に$\mathrm{AB}^2\cdot\mathrm{BE}$を加えると，$\mathrm{AB}^2\cdot\mathrm{BC}=\mathrm{BE}^3+\mathrm{AB}^2\cdot\mathrm{BE}$．BEがもとの方程式を満たす．この問題を今代数的に処理してみる．$x^3+b^2x=b^2d$と変形し，さらに次のようにする．$x^3=b^2(d-x)$であるから，両辺にxを掛けて$x^4=b^2x(d-x)$．$x(d-x)=y^2$とおくと，$x^4=b^2y^2$．よって$x^2=by$．したがって$x^2=by$（放物線）と$x(d-x)=y^2$（円）の交点を求めればよい．

＊4　他にもトゥース出身（トゥーシーという）のナシールッディーン・トゥーシー（1201-74）という著名な学者がおり（**4.3**参照），混乱を避けねばならない．

5.8 西方アラビア数学と記号法

いままで東方アラビア数学を述べてきたので，それとは異なる西方アラビア数学にも目を向けておこう．

西方アラビア数学は2つの地域に分けることができる．イベリア半島（アラビア語でアンダルス）の数学をアンダルシア数学，北西アフリカの数学をマグレブ数学と言うことにする．両者は地理的には海峡で隔てられているものの，人的交流は盛んで，数学はさほど変わらない．

	中心地	代表的数学者
アンダルシア数学	コルドバ， セビーリャ	イブン・フード[*5]（在位 1081-85） ハッサール（12 世紀）
マグレブ数学	ブジア，トレムセン	イブン・ヤーサミーン（?-1204） イブン・ムンイン（?-1228） イブン・バンナー（1256-1321） イブン・フンフドゥ（1339-1407） カラサーディー（1412-86）

アンダルシア数学とマグレブ数学

マグレブ数学の代表は，マラケーシュ（モロッコの都市）出身のイブン・バンナーである．イブン・ハルドゥーン（**4.3** 参照）によって「占星術と文字の魔法で有名な大数学者」と呼ばれ，多くの数学書を残し，弟子を育て，アラビア世界全体で最もよく知られた数学者の一人である．代表作の一つは，現場で用いられたハンディな初等計算マニュアル『計算法

＊5　サラゴーサ王で，代表作は完全という意味をもつ『イスティクマール』．高度な数学百科．

略解』(1302) で，分数計算，複式仮置法 (**7.4** 参照) などを扱い，長期間にわたり用いられた．他方，高等数学を扱った『計算法開帳』は順列組合せの問題を扱っている．

ところで西方アラビア数学と東方アラビア数学とには大きな相違が一つある．それは前者の数学の一部には記号法が見られることである．それを見ておこう．

アラビア数学における記号法は少なくとも12世紀頃すでに存在していたことがわかっている．詩の形で数学書を著したとして著名なイブン・ヤーサミーンは，未知数や演算操作を表す単語の冒頭文字でそれを簡潔に表し，彼の後継者たち，イブン・フンフドゥ，カラサーディーなどはさらに簡潔な記号を次々と考案している．演算用語は関係する前置詞で表され，並べて書けば加えることになるので＋の記号はない．未知数はそれを表すアラビア語の最初のアルファベットで略され，4次，5次は2次-2次，2次-3次で示される．

ただし x には شيء (shay') の冒頭の ش (シーン) が用いられることもあり，その際には上の点∴のみで代用されることもあれば，点が取られ س (スィーン) だけのときもある．また数には何も付けられないこともあれば，عدد (ᶜadad，数) の冒頭の ع (アイン) が

－	لا (lā)， من (min)	英語の minus に対応 英語の from に対応
×	في (fī)	英語の in に対応
÷	على (ᶜalay)	英語の on に対応
＝	ل	تعدل (taᶜdil，等しい) より
x	ج	جذر (jiḍr) より
x^2	م	مال (māl) より
x^3	ك	كعب (kaᶜb) より
x^4	م م	مال مال (māl māl) より
x^5	م ك	مال كعب (māl kaᶜb) より

アラビア語の省略記号

付けられることもある．分数の横棒にはしばしばمقسوم (maqsūm) の冒頭の 2 文字مق (ミーンとカーフ) が用いられる．たとえば

6 2 3 ل 4 5

はアラビア語なので左右が逆向きで，$5x^2+4x=3x+2x^2+6$ を示す．

ただし以上の省略記号は数学者によって異なることがある．

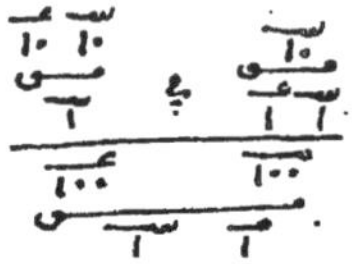

$$\frac{\dfrac{10+10x}{x}\times\dfrac{10x}{1+x}}{\dfrac{100+100x^2}{x+x^2}}$$

イブン・ヤーサミーンの記号

下の 100 は $100x$ の間違い

5.9 ジャブルの学の起源を求めて

2 次方程式の代数的解法について述べてきたが，それがフワーリズミーによって発見されたと主張するには多くの疑問がある．彼は既存の著作を編集し簡約本として書いたと序文で述べており，簡約ではない完全なテクストがすでに存在していたことが示唆されるからである．実際，フワーリズミーと同時代にジャブルの学を書いたとされる多くの人物の名前が知られている．フワーリズミーによるジズルなど専門用語の定義も十分ではなく，当時読者にはそれらがすでによく知られていたと想定される．さらにフワーリズミーの幾何学的証明は必ずしも完全なものではなく，論理的欠陥も見られる．一方，断片ではあるがより完全な幾何学的証明をもつ作品が，フワーリズミーと同時代に生きたイブン・トゥ

ルク（9 世紀に活躍）によって残されている．

イブン・トゥルクの著作として現存するのは，『計算大全』の中の１章「ジャブルとムカーバラの書」の箇所で，一部の方程式の幾何学的証明が論じられている．フワーリズミーとイブン・トゥルクとは共通して幾何学的証明を行っており，それらがきわめて類似し，さらに扱う方程式に数値が同じものがあることなどが指摘できる．両者に影響関係があったというのではなく，むしろ両者に先行する共通の源泉があったのかもしれない．

今日フワーリズミーにジャブルの学の起源が結びつけられるのは，その継承者アブー・カーミルの主張とその影響によるところが大きい．アブー・カーミルはジャブルの学の正統性と優先権をフワーリズミーにおき，他方数学者アブー・バルザ（？-910）はその祖父であるイブン・トゥルクの優先権を主張し，当時両者の間にジャブルの学の起源を巡る激しい優先権論争が生じていた．しかしながらアブー・バルザの伝統は途絶え，他方アブー・カーミルの伝統はカラジー，サマウアルなどに継承発展され，結局アブー・カーミルの主張がその後のアラビア世界で採用されることとなった．しかし現在のところ結論は出てはいないが，ジャブルの学をフワーリズミーが一人で確立したということはないと考えられる．

学習課題

(1) 『原論』II-5，6を用いて，ここでは取りあげなかったタイプの2次方程式（$x^2=ax+b$，$x^2+b=ax$）の「図解」(幾何学的解法）を考えてみよう．

(2) 本文中にあげたアルキメデスの問題が3次方程式になることを，現代数学を用いて示してみよう．

(3) 次の3次方程式を解くには，どのような円錐曲線を用いればよいかを式を変形して調べてみよう（**5.7**の脚注3参照）．$x^3=qx+r$，$x^3=px^2+r$，$x^3+qx+r=px^2$．

(4) サマウアルのように表（**5.5**参照）を用いて，多項式の除法 $(20x^2+30)\div(6x+12)$ の近似解を x^{-3} まで求めてみよう．

参考文献

・伊東俊太郎編『中世の数学』，共立出版，1987.

フワーリズミーやカーシーなどのアラビア数学の原典の翻訳が含まれる．

・ラーシェド『アラビア数学の展開』（三村太郎訳），東京大学出版会，2004.

アラビア数学史研究の第一線の論文集の翻訳であり，内容は高度．

6　中世西洋の数学

《目標＆ポイント》　「中世は暗黒時代」と言われてきた．11 世紀までの中世数学はそのように特徴付けられるのも無理はないが,「12 世紀ルネサンス」以降西洋ではアラビア数学受容のもとに新たに数学が展開する．科学史家サートンの言葉によれば，暗黒なのは実は中世に関するわれわれの知識のほうなのである．12 世紀後半に大学が成立すると，そのなかで特異な数学が展開する．ここでは「12 世紀ルネサンス」を境にして西洋数学がそれ以前の数学からどの様な変貌を遂げたかを理解する．
《キーワード》　12 世紀ルネサンス，自由 7 科，4 科，マートン学派，ソフィスマタ，質の図形化，無限論，アバクス

中世西洋とはいつを指すかに関しては様々な見解があり，さらに地域や学問分野によっても異なる．ここでは西ローマ帝国滅亡（476）という古代ローマ文明の終焉から，東ローマ帝国（ビザンツ帝国）の滅亡（1453）までを指すとする．これをさらに分けて，初期（500-1100），中期（1100-1300），後期（1300-1450）としておく．中世西洋の学術はもっぱら共通の学術語ラテン語によって行われた．したがってこの時代の数学は中世ラテン数学と呼ぶこともできる．

6.1　中世初期

中世初期は古代ローマ数学の伝統を引き継いだ．その一端はとりわけ土地測量術に現れている．アグリメンソール（土地測量士）が測量のため幾何学や計算に携わり，それに関わる多くの文献が残されている．そ

こで扱われるのは実践的計測法であり，学問というものからはほど遠いものであったが，その成果が水道橋やコロッセウムなど古代ローマの大建造物に生かされたことと想像できる．彼らはローマ数字で数を書き表し，またアバクス（abacus）に小石（calculus）を並べて計算した．後にキリスト教が行き渡ると，宗教日課や復活祭期日決定のために暦計算（computus）という分野が展開し，計算法の重要性が増すようになる．今日の英語の calculus（微積分学）や computer（コンピュータ）は以上の単語に起源を持つ．

中世初期の数学はボエティウス（480 頃-525 頃）とともに始まる．その初等数学書『算術教程』はピュタゴラス学派の成果を取り入れ，偶奇数論，図形数などを論じ，その後大学や修道院で教科書として用いられ，中世西洋を通じて様々な分野に多大な影響を及ぼすことになる．彼はさらにエウクレイデス『原論』の一部のラテン語訳（ボエティウス版『原論』と呼ばれる）を残し，それは大いに読まれることになるが，そこで

アバクスと筆算

向かって右はピュタゴラスがアバクスを用いて，左はボエティウスがアラビア数字を用いて計算している．それぞれがその計算法を発見したと考えられていたが，これは歴史的には正しくない．ライシュ『マルガリータ・フィロソフィカ』（1503）に見える「算術の型」を示す図版

出典：『図説　数の文化史』八坂書房，2001，p.222

は証明は省かれている．

8世紀末シャルルマーニュ（カール大帝とも呼ばれたフランク王国の王）の施行したカロリング・ルネサンスでは，とりわけ僧侶階級の教育改革が行われた．そこでは（イングランドから招かれた）ヨークのアルクイン（730頃-804）が最古のラテン語数学問題集である『青年達を鍛えるための諸命題』を著し，今日では数学パズルに分類されるような簡単な算術問題を53題提示した．その第5問は次のような問題である．ローマ数字（I＝1，V＝5，X＝10，L＝50，C＝100）が用いられていることに注意せよ．

> ある買い手が言った．「百デナリウスでC頭ブタを買いたい．ただし雌ブタをXデナリウス，母ブタをVデナリウス，他方二頭の子ブタを一デナリウスで買うとする．では何頭の雌ブタ，何頭の母ブタ，何頭の子ブタを買えばよいのかを言いなさい」．さてIX頭の母ブタと一頭の雌ブタとを五十五デナリウス，そしてLXXX頭の子ブタをXLデナリウスで買いなさい．するとXC頭のブタになる．残りの五デナリウスでX頭の子ブタを買いなさい．合わせるとC頭となるであろう[*1]．

これは数学史では「百鶏問題」という問題の部類に属し，似たような問題はすでに5世紀中国の数学書『張邱建（ちょうきゅうけん）算径』にも見え[*2]，さらにインド，アラビアでも同じような種類の問題にしばしば遭遇する．しかしそれら文明圏の数学がどの様に相互に影響を与えたのかは不明である．

＊1　ここでは数詞（漢数字で示した）とローマ数字とが混りあっており，アラビア数字は用いられていないことに注意．

＊2　そこでは，「今，雄鶏が一羽いて値段は五銭，雌鶏一羽は値段三銭，雛三羽は値段一銭である．百銭で鶏百羽を買う．雄鶏，雌鶏，雛はそれぞれ幾羽かを問う」，と述べられている．

中世初期は主として自給による生活形態であり，交易は盛んではなく，商業計算や航海術に伴う天文計算などは発達していなかった．数学に関わったのは修道士や教養人などごくわずかで，数学の広範な普及は望むべくもなかった．実際彼らが手にすることのできた数学テクストは，ボエティウスなどの初歩的ラテン語著作だけであった．

ところが中世西洋は農業革命，都市の勃興，商業革命を経て，12 世紀になると新たな出発の時代を迎える．

6.2　12 世紀ルネサンス

中世西洋は 12 世紀にアラビアから学術を受容し，やがて自らのものとしていく．このアラビアからの学問受容による中世西洋の学問復興を今日「12 世紀ルネサンス」と称する．レコンキスタ（国土回復運動）の時期，アラビア文明と中世西洋文明とが接触していたイベリア半島のトレードを中心に，新しい学問を求めた知識人たちが，アラビア数学，さらにはすでにアラビア語に訳されていたギリシャ数学をラテン語に翻訳紹介した．

翻訳書の中には，ギリシャのプトレマイオス『アルマゲスト』，アラビアのフワーリズミーやアブー・カーミルなどの著作が含まれる．なかでもフワーリズミーの『インド人たちの数』と『ジャブルとムカーバラの書』（代数学）では，それぞれ 10 進位取り計算法と 1，2 次方程式解法とが紹介され，それらはその後の西洋数学が展開する基礎となり，その影響は計り知れない．またエウクレイデス『原論』は数度にわたってラテン語に翻訳され，なかでも，バスのアデラード（1116-42 頃活躍）による翻訳にカンパヌス（1205 頃-96）が注釈を加えた『原論』は，カンパヌス版エウクレイデス『原論』としてルネサンス期に至るまで多くの読者を持った．実際西洋で最初に印刷刊行された『原論』はこの版（1482 年，ヴェネツィア）なのである．翻訳者として特記すべきはクレモナのゲラルド（1114頃-87）で，助手を使いながらも70以上の科学書を翻訳した．その中には，エウクレイデス，アルキメデス，プトレマイオスなどの重要な作品が数多く含まれている．

しかしギリシャのアポロニオス『円錐曲線論』はごく一部しか紹介されなかったし，アラビア数学のオマル・ハイヤームやイブン・ハイサム*3などによる高度の数学は翻訳紹介されることはなく，ラテン語で読むことのできるギリシャ数学やアラビア数学は限定的であったと言うこともできる．他方で13世紀中頃には，ムールベクのウィレムがアルキメデスの著作を，アラビア語を介することなく直接ギリシャ語からラテン語に翻訳してはいたが，少なくともギリシャ数学の全貌が得られるには16世紀を待たねばならなかった．ギリシャ語からにせよアラビア語からにせよ，翻訳は逐語訳で，言語的に見るときわめて正確であったが，翻訳に携わったのは専門の数学者ではなかったので，内容が理解されないまま翻訳されたものもあり，翻訳された数学が受容・展開するにはなお時間が必要であった．

さて，南仏やイベリア半島で生じた，閉じられた社会の数学に触れておこう．それはアラビア数学と中世ラテン数学との中間に位置するヘブライ数学である．

6.3 ヘブライ数学

ヘブライ数学とはヘブライ語による数学で，ここでは主として12世紀から16世紀に，イベリア半島からイタリアにかけての地中海西部でなされたものを指すことにする．これは当時不寛容になりつつあるイス

＊3　965-1041．中世アラビア世界最大の数理科学者の一人．

ラーム世界（11-12 世紀のムラービド朝，ムワッヒド朝）において，ユダヤ人たちがイベリア半島，南仏，イタリアなどに独自の共同体を構成していく中で出てきたものであろう．彼らはアラビア世界では主としてアラビア語で著作したが，他方中世西洋世界では，文字はヘブライ文字，文法はアラビア語やロマンス諸語という特殊な形で作品を書いたこともあり，これらは仲間内でしか読むことのできないものであった．

「12 世紀ルネサンス」に 1 世紀遅れて 1260-1330 年頃になると，アラビア語からヘブライ語への数学書の翻訳が南仏のプロヴァンスで始まった．その中には少なからず古代ギリシャの作品も含まれており，なかでもエウクレイデス『原論』は少なくとも 4 度もヘブライ語に翻訳され，当時ユダヤ人社会に古典数学への関心が高かったことがうかがえる．

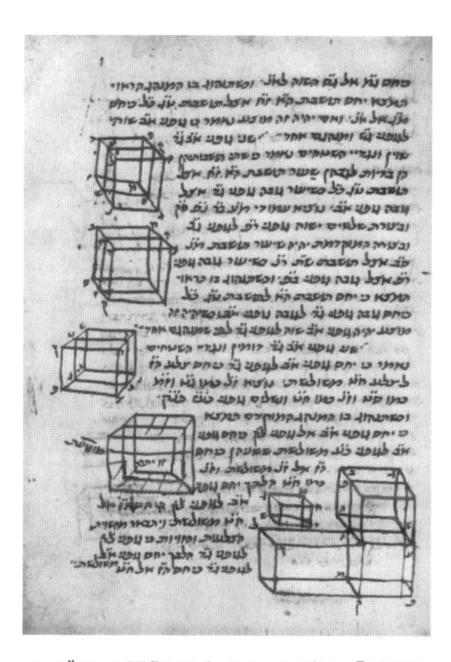

ヘブライ語版エウクレイデス『原論』
トレードのユダ・ベン・ソロモン『ミドラシュ・ホクマ』の 14 世紀写本

アブラハム・バル・ヒッヤ（ラテン語名サバソルダ，1136 年頃没）はヘブライ語『面積の書』で幾何学問題を方程式によって解き，代数学の適用範囲を広げることに貢献した．とりわけ 1145 年になされたそのラテン語訳は西洋世界で広く普及し，また今日失われたエウクレイデス『図形分割論』の断片を含むことでも数学史上重要である．

ヘブライ数学は主として算術

計算と天文計算を扱うものが多く，前者は商業上の実用性から，後者は広く神学的枠組みの中での天文学研究から取り組まれた．実際後者におけるように，実用性を離れて天文学を論じたものの多くは，哲学者やラビ（ユダヤ教聖職者）によるもので，数学も大半はその文脈の中で論じられたと言える．アブラハム・イブン・エズラ（1089頃-1167頃），モーシェ・ベン・マイモーン（ラテン語名マイモニデス，1135-1204）などによる数学がそうである．

アブラハム・イブン・エズラは組合せ論を「惑星の合」の種類を計算する中で論じて，今日の $C_k^n=\sum_{i=k-1}^{n-1} C_{k-1}^i$ に対応する式を見いだしている．組合せ論はヘブライ数学のみならず，すでにインドやアラビアでも論ぜられていたが，その論法は帰納的で，証明を与えるものではなかった．しかし当時記号法がないにもかかわらず，レヴィ・ベン・ゲルション（ラテン語名ゲルソニデス，1288-1344）は『計算家の技法』（1321）の中で，容易に一般化できる形で数学的帰納法を用いて組合せ計算を行っている．ただしヘブライ数学が閉じられた社会で論じられていたこともあり，組合せ論をはじめ彼らの数学は，その後の西洋ラテン世界にはほとんど影響は与えなかった．

6.4　大学における数学

12世紀後半に西洋で大学が成立すると，学問の中心地は大学となる．初期の大学にはオックスフォード大学，パリ大学，ボローニャ大学などがあった．学部はどこでも二重構造で，下位の学部の学芸学部では「自

<table>
<tr><td>神学部</td><td>法学部</td><td>医学部</td></tr>
<tr><td colspan="3">学芸学部</td></tr>
</table>

中世大学の学部構成

由７科」が共通して教えられていた.

自由７科はさらに３科（trivium）と４科（quadrivium）に分けられ，前者はラテン語文法，修辞，弁証の言語的学問，後者は算術，音楽，幾何学，天文学の数学的学問である.

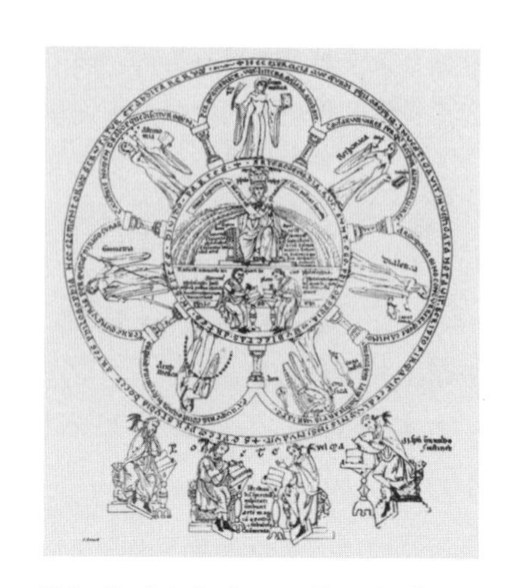

ランツベルクのヘルラート（1130頃–95）『歓びの園』の自由７科
中央上は哲学の女神，下はプラトンとソクラテス

算術は数そのもの（偶奇数論など）を中心に，新たに導入されたインド・アラビア式計算法の初歩，音楽は数の間の関係（すなわち比例論），幾何学は図形，天文学は幾何図形の間の関係を扱うものとされた．算術では主としてボエティウスの『算術教程』や計算法を扱ったサクロボスコ『通俗アルゴリスムス』が，幾何学ではエウクレイデス『原論』の冒頭部分が教科書として用いられた.

大学は研究機関というより教育機関であり，そこでは数学は中世特有のスコラ的学問構造のなかに位置づけられていた．つまり数学は上位の学問である神学研究などの道具として，また論理的推論のモデルとして学ばれ，それ自体として学ばれることは概してなかったと言える．とはいうものの，学術世界において独創的数学がないわけではないので，次にそれを見ていこう.

6.5　中世の独創的数学

まず古代数学テクストへの注釈に独創的数学を見ることができる．中世は聖書や古代哲学書への注釈の伝統があり，同じようなことは数学にも当てはまる．エウクレイデス『原論』へ詳細な注釈をした学者で特記すべきは，ニコル・オレーム（1320頃-82）とアルベルトゥス・マグヌス（1200頃-80）である．彼らは『原論』の一部を独自の視点から発展させている．

次いでヨルダヌス・デ・ネモーレ（1220頃活躍）という謎の多い数理科学者の仕事に独創を見ることができる．その『与えられた数』は，未熟ではあるが，そこに独特の記号法が見られること（以下の例のように，2数を ab と c とし，その和を abc とするなど）で重要であるが，後代に影響を与えることはなかった．本書はエウクレイデス『デドメナ』と同じように，「～が与えられると，～が与えられる」という形式で書かれているので，様々な問題に適用できる基本命題集の役割をしたと思われる．そこでは，2次方程式や等式の変換などにアラビア数学の影響はあったはずではあるが，ローマ数字が用いられているなど外見からはその影響はうかがえない．

冒頭では，「与えられた数とは，その大きさが知られているものをいう」と定義され，第1巻命題3は次のように解かれる．後半は現代表記すると，$x+y=10$，$xy=21$ である．

与えられた数が二分され，それら各々の積が与えられると，各々の部分は必然的に与えられる．

与えられた数を abc とし，ab と c に分割されているとせよ，ab と c の積は，与えられた d とする．また abc を自らに乗じて e とする．さて四倍の d を f とし，e から引かれると，g が残り，これは ab と c の差の平方となる．それゆえ g の平方根を h とすると，h は ab と c の差となる．ここで h は与えられているので，c も ab も与えられることになる．この演算は容易に次のように確認できる．

例．x が二つの数に分割され，各々の積を xxi とせよ．その四倍は lxxxiiii であり，x の平方である c からそれが引かれると，xvi が残るであろう．それが開平されると iiii となり，これは差である．これが x から引かれ，その残り vi が半分にされる．すると半分にされたものは iii で，これが小さい部分で，大きい部分は vii となる．

この時期西洋では，すでにアラビア数字による様々な計算法が導入されてはいたが，それらを実際に使用したのは，大学・宮廷の人々ではなくむしろ大学外の商人達であった．こうして中世西洋では，大学・宮廷の内と外とに分かれて数学が存在した．後者は次章で述べることにし，以下では前者の数学を見ていこう．

6.6 運動論に適用された数学

13 世紀になると，中世大学はアラビアを介して古代ギリシャのアリストテレス思想を全面的に取り入れ，その学問はキリスト教的アリストテレス主義として成立していく（13 世紀の「アリストテレス革命」という）．アリストテレスが述べるように，自然(ピュシス)とは運動と変化の原理であるので，自然学（今日の科学に相当）では運動こそが重要な考察対象となる．つまり自然科学研究の中枢は運動論に存在するという伝統ができあがる．ただしアリストテレスの伝統下にあった中世運動論は，場所のみならず，質，量，実体の 4 つのカテゴリーにおける変化を扱い，それぞれ移動，変質，増減，生成消滅が運動論の対象となることに注意せねばならない．

なかでも移動においては，加えられた力 F，抵抗 R，速さ V の関係の解明が中心となる．古代のアリストテレス運動論を記号化すれば，$V \propto \dfrac{F}{R}$ となる（ただし $F>R$ とする）．ここで F が一定のとき，R を倍にしていくと，Vは半減し，やがてRはFを超えることになる．そのとき物体は実際には動くことはない，すなわち$V=0$であるが，上の式ではそうはならない．それを克服する様々な試みがなされていく．

ブラドワディーン（1290頃-1349）は，$\dfrac{F}{R}$が幾何比例するときVは算術比例すると考え，現代的には，$\dfrac{F}{R}$が$\left(\dfrac{F}{R}\right)^n$になるとき，$V$は$nV$となる，という関係を指摘した[*4]．

実際にはこのように簡単には書き表すことはできなかった．それは，記号法（一般量を表記する方法や分数記号など）が存在せず，また比の値という概念もなかったからである．すでに12世紀ルネサンスを経てはいるが，中世大学ではアラビア伝来の代数学が教えられることはなく，2量間の関係を示すためには，ボエティウス以来伝承されてきた中世独自の比の表現が用いられていた．たとえばA対Bの比（すなわち関係）は，$A=B$のとき「相等性の比」と呼ばれた．$A>B$のとき「大不等性の比」と呼ばれ，それはさらに一般的には右の表のように細分されている．関係を論ずる際にはきわめて煩瑣な表現を用いざるを得なかったのである．

A対Bの関係	名称
$A=kB$	多倍比
$A=\left(1+\dfrac{1}{m}\right)B$	超一比
$A=\left(1+\dfrac{n}{m}\right)B$	超多比
$A=\left(k+\dfrac{1}{m}\right)B$	多倍超一比
$A=\left(k+\dfrac{n}{m}\right)B$	多倍超多比

比の表現

k, m, nは2以上の自然数．mとnとは互いに素で，$n<m$

＊4　これはさらに，$V\propto\log\dfrac{F}{R}$に変形でき，今日では「ブラドワディーンの関数」と呼ばれている．

ブラドワディーンなどはオックスフォード大学のマートン学寮（カレッジ）に関係していたが，彼らは数学を「真理の啓示者」と考え，それを用いて自然解釈を目指した．こうして比例論に基づいた新しい数学が 14 世紀に誕生し，運動論に適用された．この数学は，「計算家」と呼ばれたリチャード・スワインズヘッド（1344–55 年頃活躍）で絶頂となる．彼の『計算の書』（1345 年頃）は，ソフィスマタ[*5]を議論するが，それらの中には，現代から見れば級数の和の計算に還元できるものさえある．

次に，無限がどのように処理されていたかを見ておこう．

6.7 無限論

古代ギリシャでは無限は忌避されていた（無限嫌悪 horor infinitus という）が，その後一神教（ユダヤ教，キリスト教，イスラーム）の枠内で神の永遠性と関連づけられ，無限そのものに関する議論に行き着く．そこでは，無限が存在するかどうか，存在するなら無限は互いに等しいかどうかなどについて論理的推論を用いて議論された．

中世西洋では，無限はカテゴレーマ的無限（現実に自立して存在する無限）と，シュンカテゴレーマ的無限（現実には存在せず，可能性としてのみ存在しうる無限）とに分類された．たとえば「素数の個数は，いかなる定められた素数の個数よりも多い」（『原論』IX–20）では，前者によると「素数は数において実際に無限個ある」という主張になり，後者によると「今 n 個の素数があるとすると，その中にはない $n+1$ 番目の素数があり得る」という解釈になる．ギリシャでは数学は有限の枠組みの中で論じられていたが，中世のカテゴレーマ的無限になると，明確に無限の実在が

＊5　一見真と思われるが実際は偽である命題，あるいはその逆で，一見偽と思われるが実際は真でも偽でもない命題．

想定されるようになった．ここにギリシャ的有限空間（あるいは無際限空間）から，中世西洋の無限空間への移行が見られる．これは宇宙論とも関連し，アリストテレス的閉じた有限宇宙から無限宇宙への思考の飛躍が生じた．

さてスワインズヘッドは，なにかある量が質（暑さ，濃さ，速さなど）の変化を起こす場合を考える．たとえば，幾何数列で分けられた比例的部分（量）それぞれにおいて，その強さ（質）が算術数列で増大しているときの全体の強さを検討する．ここでは「質の量化」(質を大きさで示す)を考えているのである．その結果をスワインズヘッドは2倍の強さと結論する．これを現代式に書くと

$$\frac{1}{2}\cdot1+\frac{1}{2^2}\cdot2+\frac{1}{2^3}\cdot3+\cdots=2$$

と考えられるが，もちろん彼に無限級数の和の概念があるわけではない．スワインズヘッドのあげた問題は，そこから何か自然学的知識を導出しようというのではなく，あくまで論理的思考法の訓練のために数学を自然学に適用したのである．のちにライプニッツはスワインズヘッドを「数学を自然学に取り入れた最初の人物」として高く賞賛している．

14世紀に生じた新しい数学の特徴は，自然現象をともかくも「計測」しようとしたこと，その際あらゆる場合を想定し，詳細な場合分けをし，さらには極限状況，すなわち無限大や無限小までも考察対象としたことである．無限を厳密に扱うためには今日から見れば記号法が必要となるが，その発想はなく，また共通の尺度もなく（度量衡は地域で異なっていた)，特有の数学的言い回し，つまり幾何数列的に分割された諸部分としての「比例的諸部分」という言葉を用いて議論された．しかも彼らは自然研究において，実験で検証したわけではなく，単に論理を推し進め，ソフィスマタとして「思考実験」として思考上でのみ議論したのである．

ガリレオなどによる近代西洋における自然への数学の応用とは，目的やアプローチの仕方が全く異なることに注意せねばならない．ともかくも特異な仕方ではあるが数学を用いて自然を探求し，しかも無限さえも議論したということで，彼らの数学はギリシャ数学を一面で超えたと言えるであろう．

1348年ヨーロッパ中に蔓延したペストによりマートン学派の学者たちは倒れ，その自然学は衰退した．しかしそれは今度は中心地をパリに移し，ニコル・オレームにより「質の量化」がさらに進められた．オレームは『質と運動の図形化』で次のような例を与えている．

ABを長さ1とし，それを$\frac{1}{2}$の比で分割していく．奇数の区分時間では，第1区分では速さ1の等速運動，第3区分では倍の2の速さの等速運動，第5区分では2^2の速さの等速運動，等々としていく．偶数の区分時間では，第2区分では1から2への一様加速運動（等加速度運動），第4区分では2から2^2への一様加速運動，等々としていく．このときの通過距離は$\frac{7}{4}$になるとい

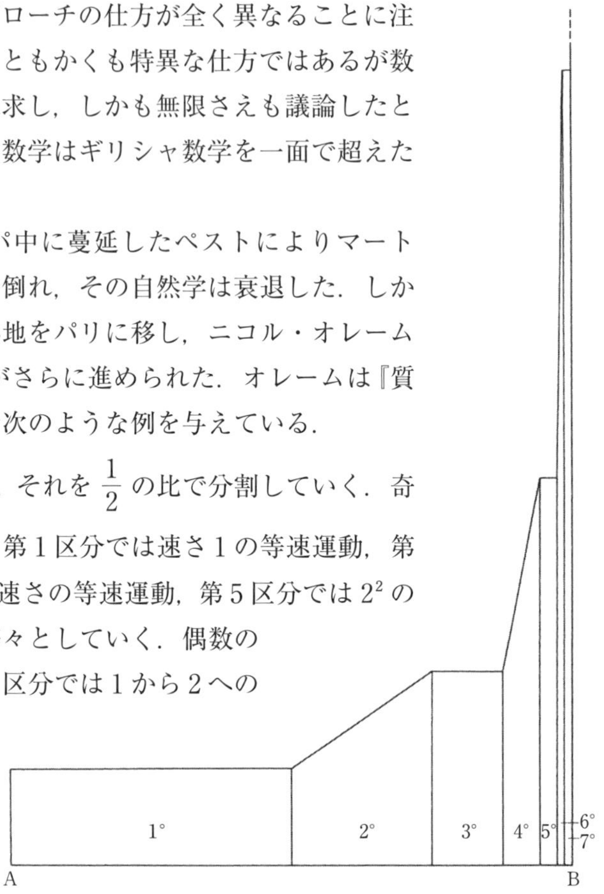

オレームによる質と運動の図形化

出典：上智大学中世思想研究所編訳・監修『中世思想原典集成 19 中世末期の言語・自然哲学』平凡社，1994年所載，ニコル・オーレム『質と運動の図形化』中村治訳，P.591

う．実際，質（速さ）を図形化すると図のようになり，その面積が通過距離となる．オレームはそれを意図していたわけではないが，現代表記すると無限級数の和の問題となる．

以上見てきたように，中世後期のスコラ学者たちの間には特異な数学が展開した．しかしその数学は，その後の西洋近代数学とは連続することなく，15-16 世紀には煩瑣で無用なものとして人文主義者たちに手厳しく批判され，やがて消滅していく運命にあった．

学習課題

(1) 組合せ論の公式，$C_k^n = \sum_{i=k-1}^{n-1} C_{k-1}^i$ を，n についての数学的帰納法で証明せよ．

(2) **6.1** のヨークのアルクインの問題を方程式をたてて説明せよ．

(3) **6.7** のオレームの提示した問題が $\frac{7}{4}$ となることを確かめてみよう．

(4) 『原論』IX-20 を参考に素数が無限にあることを証明してみよう．

参考文献

・リンドバーグ『近代科学の源をたどる』（高橋憲一訳），朝倉書店，2011.

　古代から中世まで，最近の研究成果をまとめた信頼のおけるテクスト．

・伊東俊太郎『12 世紀ルネサンス』，講談社学術文庫，2006.

　独自の視点から 12 世紀ルネサンスを論じた講演録．エウクレイデス『デドメナ』のラテン語への翻訳を巡る話は興味が尽きない．

・伊東俊太郎編『中世の数学』，共立出版，1987.

　バスのアデラード版『原論』につけられた序文，ブラドワディーンの比例論などの原典からの訳が含まれる．

・伊東俊太郎『近代科学の源流』，中公文庫，2007.

　中世科学全般をアラビアをも視野に入れて紹介した基本文献．

・マードック『世界科学史百科図鑑　古代・中世』（三浦伸夫訳），原書房，1994.

　古代・中世の手稿に見られる珍しい図版の紹介と解説．

・上智大学中世思想研究所編『中世末期の言語・自然哲学』，平凡社，1994.

　オレーム『質と運動の図形化』の原典訳が含まれる．

7 中世算法学派

《目標＆ポイント》 西洋ラテン世界では，12 世紀から 16 世紀のルネサンス期まで，大学とは無縁な外部世界で実用数学が展開していく．それを「算法学派」の数学と呼び，その特徴を見ていく．そこでは記号法が展開し，新たな問題が作られていくことを学ぶ．
《キーワード》 算法学派，三数法，複式仮置法，コスの技法，フィボナッチ数列，記号法

7.1 ジャブルの学の受容

12 世紀西洋世界はアラビア世界から学問を受容し，新たな独自の展開に向けて歩み始める時代である．フワーリズミーの『ジャブルとムカーバラの書』は「12 世紀ルネサンス」の 1145 年にイベリア半島でラテン語に訳された．その際，ジャブルの学を指す al-jabr は，ラテン語に翻訳されアルゲブラ algebra となり，さらに中世からルネサンス期にかけてイタリア語，フランス語，ドイツ語へ翻訳されていく．アラビア語で未知

アラビア語	意味	ラテン語	イタリア語	ドイツ語
shay’ شي	モノ	res	cosa	Coβ
māl مال	財	census	censo	zensus
ka^{c}b كعب	立方体，立方	cubus	cubo	cubus

アラビア語未知数の西洋における表記法

数を示す shay’（シャイ）は，意訳されてラテン語では res（レース），その後イタリア語では cosa（コーザ）と訳された．そしてドイツ語では Coß（コス）と訳されたので，中世西洋では代数学は後に「コス式規則」，「コスの技法」と呼ばれた*1．そしてそれに携わる人をコシストと言う．しかし技法（ars）ではあるが学（scientia）ではなかったので，商人の方法と見下され，大学で扱われることはなかった．それが大学でも講義されるようになったのは，ようやく 15 世紀末になってからで，ライプツィヒ大学のヨハンネス・ヴィトマン（1486），ペルージャ大学のパチョーリ（1475 頃）らの数学教育によるものである．前者は＋，－記号の普及にも貢献した．

7.2　ピサのレオナルド

中世西洋の数学者を一人あげるなら，必ずその名前があがるのはピサのレオナルド（1170 頃-1240 以降）である．イタリアのピサ出身の彼は大学とは無縁で，商人である父に連れられブジア（現在のアルジェリアのベジャイア）に数学の修行に出た．その後地中海各地を訪問し，多くの学者からアラビア数学そしてギリシャ数学を学び，さらにそこに自らの研究を付け加え，中世西洋では最も重要な数学者となった．

ウサギによるフィボナッチ数列

彼はフィボナッチ（ボナッチ家の息子の意味）とも呼ばれ，今日フィボナッチ数列に名前をとどめている．それは本来次のようなウサギの登場する問題である．

＊1　ルネサンス期にはとりわけドイツ語で代数学が数多く書かれたことから，ドイツ語のコスが採用された．

1組のつがいのウサギから，1年後に何組のつがいが生まれるか？

ある男が四方を壁で囲まれたある場所で，1組のつがいのウサギを飼っており，1年後にそのつがいから何組生まれるかを知りたかった．ただしウサギはその本性から，1ヶ月ごとに一組のつがいを生み，第2ヶ月目にはすでに生まれたつがいからまた生む．最初の月には上記のつがいを生むので，それを2倍にし，1ヶ月後に2組となるであろう．これらのうち最初のつがいは第2ヶ月目に生み，こうして第2ヶ月目には3組となろう．最初の月のこれらのうちの2組は孕んでいて，第3ヶ月目には2組のウサギのつがいが生まれる…

すなわち1，2，3，5，8，13，21，34，55，89，144，233というフィボナッチ数列である[*2]．それらの間には多くの興味深い関係があるだけではなく，自然界にもこの数列が見られることが今日知られている．

この数列は主著『算板の書』（1202，改訂版は1228）に見られる．この書のラテン語名 *Liber abaci*（リベル アバキ）は「アバクスの書」を意味するが，ここでいうアバクスとは，もはやいわゆるソロバンや算板の意味ではなく，筆算によるインド・アラビア式計算法を意味する[*3]．その書は当時の数学を集大成した体系的数学百科とも言える大部の作品で，10進位取り記数法の紹介，比例計算を含む数々の計算法，具体的算術問題，多元1次連立方程式，2次方程式解法，幾何学問題，無理数の分類と計算などを含み，

＊2　一般項を F_n とすると，フィボナッチ数列には $F_n=F_{n-2}+F_{n-1}$ $(n \geqq 3)$ という関係がある．エドゥアール・リュカ（1842-91）がフィナボッチ数列と命名したが，彼自身その数列を発展させリュカ数を考察している（リュカ数 L_n は，$L_n=F_{n-1}+F_{n+1}$）．

＊3　中世・ルネサンスのラテン語 abacus（イタリア語 abaco）には，砂をまきその上で計算を行う器具としての算板（**6.1** 参照）以外に，その算板による計算法そのものの意味があり，ここでは後者の意味．なお，レオナルド自身は『算板の書』ではなく『計算の書』と呼んでいる．

その後の大学外での数学の研究モデルとなった重要な作品である．

冒頭では，0を含むアラビア数字と10進位取り記数法が次のようにはっきりと述べられている．

> 9つのインド数字は次のものである．
> 　9　8　7　6　5　4　3　2　1
> ゆえに，これら9個の数字と，アラビア語でゼフィルムと呼ばれる0の記号とで任意の数が書かれるのであり，このことは以下で証明される．

この列が9から始まるのは，アラビア語では右から1，2，3と書いていたからである．また0は数字ではなく記号と見なされた．ここではレオナルドは西アラビア数字（グバール数字，**4.4**参照）を採用している．中世ラテン世界では当初東西の地域によってアラビア数字の形は異なっており，イベリア半島では西アラビア数字が伝承されていた[*4]．ところが，その地で活躍した12世紀ルネサンスの翻訳家の継承者たちが13世紀にイタリアに移ってきたことで[*5]，西アラビア数字が当地から東アラビア数字を追いやり，14世紀頃には前者が広範囲に及んでいく．ただし同じ西アラビア数字でも数字の形は様々であり，また容易に改竄できるので，1299年フィレンツェの銀行両替商組合は会計帳簿で使用することの禁止令を出していた．実際，商人が普通に帳簿でアラビア数字を使用するようになるのは，15世紀になってからである．

＊4　西洋中世における現存最古の西アラビア数字の資料は，スペイン北部のリオハの修道院のもので976年．

＊5　たとえば哲学者マイケル・スコット（1200以前-35頃）は，1220年頃翻訳の中心地トレードからボローニャに移った．

レオナルドは他にも高度の専門的作品を残している.『平方の書』(1225) では, $x^2+5=y^2$, $x^2-5=z^2$ などの不定方程式に関連するさまざまな数的関係を論じている (**5.6** 参照).『精華』では, 3次方程式 $x^3+2x^2+10x=20$ の解が, 整数でも有理数でもなく, さらには $\sqrt{\sqrt{a}+\sqrt{b}}$ の型の無理数でもないことを,『原論』第10巻を用いて論証している. 方程式をこのように分析することはきわめて異例であり, 西洋近代数学を先取りしている. レオナルドはさらに60進法を用いて具体的にこの3次方程式の数値解 (1；22, 07, 42, 33, 04, 40) を出しているが, その解法は示していない. こうしてピサのレオナルドの数学は斬新で, 日常使用する商人のレベルを遙かに超え, その成果は中世西欧では異彩を放つ高度な業績となった.

7.3　算法学派

イタリア各地は13世紀末から16世紀初頭まで, 地中海貿易によって商業の飛躍的発展を遂げた. そのため商人の師弟に商業計算法を教える専門の学校, すなわち「算法学校」が公立私立ともども各地に設立された. そこで教えられたのは実務に限定されていたので, 今日のビジネススクールと考えればよいであろう. その教師たちである「算法教師」は史上初の職業的数学者集団と言える. ここでは彼らを総称して「算法

フィリッポ・カランドリ (15世紀末活躍) の『算術』
算法学校で教師が指導している.

学派」と呼ぶことにする．彼らはもっぱらインド・アラビア式計算法を教育研究する中世でも特異なグループであった．

「算法学校」では，おおよそ10歳から12歳までの少年が商業活動に必要な実践的計算法を学んだ．後にはその中にレオナルド・ダ・ヴィンチや政治理論家マキャベリ（1469-1527）も含まれる．フィレンツェでは少なくとも20の算法学校が確認でき，そこでは81人の算法教師の具体的名前が知られている．教師の中では，モンペリエのパオロ・ゲラルディ（14世紀前半），ピサのダルディ（14世紀），フィレンツェのベネデット（1429-79）が著名で，最後の算法教師の一人と見なせるのがタルターリャ（1499-1557，第8章参照）と考えられる．彼らは教師としての活動のほ

Ad illustrissimum Principem Gui. Ubaldum Urbini Duc. Montis feretri ac Durantis Comitem. Graecis latinisq; litteris Ornatissimum: et Mathematice discipline cultorem ferventissimum: Fratris Luce de Burgo sancti Sepulchri: Ordinis minor: et sacre Theologie Magistri. In artem arithmetice: et Geometrie. Praefatio.

La quantita Magnanimo Duca:

パチョーリ『スンマ』冒頭

9876　6 Per.7.
　　　6
6789　1 Proua.

6||01000
Castelucio. 5431200
476230
40734

Sũma. 67048164 .1.
Scontro dela proua.

パチョーリによる 9876×6789 =67048164 の計算と，7による検算

9876, 6789をそれぞれ7で割ると余りは6．よって6×6=36．これを7で割ると余りは1．今度は67048164を7で割ると余りは1．両者が等しいので答えは正しい．他に9による検算も見られる．

か，計算法や測量術の知識を都市行政に生かすこともした．

彼らはテクスト「算法書」の手本としてピサのレオナルド『算板の書』を用いたが，レオナルドとは異なりラテン語ではなくイタリア諸方言（統一的イタリア語はまだ存在しない）で書いた．そこには数学のみならず，測量術，簿記，商人の心得なども記述されることがあった．

最も大部の算法書は，フランチェスコ会修道士ルカ・パチョーリ（1445頃-1517）の『算術，幾何，比，比例の大全（スンマ）』（1494，第2版1523）（通常『スンマ』と称される）である．これは従来の数学をまとめたもので，そこに独創性はないものの，複式簿記の解説が最初に印刷された書物として歴史上よく知られている*6．彼自身は算法教師ではなく，当時イタリアで最も人気ある大学数学教授の一人で，イタリア各地から招聘され数学を教えた．

7.4　算法書の数学

算法書の多くは『算板の書』に比べると数学の程度は劣り，四則演算，分数計算，商業算術，仮想練習問題（計算練習用につくられた，現実にはありえない問題）が主たるテーマである．それらの問題は16世紀になると集められて印刷出版され，なかには今日の算数でも出くわしそうな問題も多い．

問題の種類とその例を少し紹介してみよう．

(1)　商業問題

＊6　複式簿記を最初に説明した作品を書いたのは，ドブロヴニク（現クロアチア）出身のイタリア語名ベネデット・コトルーリ（1414-64）で，イタリア語で1458年のことであるが，それが印刷されたのは『スンマ』より後で1573年．

① 賃金:「26 人を 7ヶ月 200 フローリンで雇った．10 人を 12ヶ月ならいくら支払うべきか．」

② 利息:「ある男がもう一人の男に 15 リラ貸したところ，その男は 9ヶ月後に 28 リラ返した．月あたり 1 リラはどれだけのデナロを生むことになるか．」*7

③ 利益配分:「二人の男が共同経営をした．最初の男は 50 出資し，第 2 番目の男は 40 出資し，合わせて 20 儲けた．各々の利益はいくらか．」

そのほか，試金（貨幣の中の金属の含有率の決定），物々交換，利益，両替，賃貸などに関する問題がある．

(2) **仮想問題**：数学は常に現実から離れ，興味深い問題に向かう傾向がある．これはすでに古代エジプトなどにも存在するが，中世では問題のための問題という，現実にはあり得ない問題も多く作られた．

④ 数列:「チェス盤の最初の 1 コマに小麦 1 粒置き，二番目に 2 粒，三番目に 4 粒，四番目に 8 粒等々と，各々二倍にしていくと，六十四番目には何粒の小麦を置くことができるか．」

(3) **幾何学問題**：面積，体積，容量を求める問題．

⑤「40 ブラキアの塔があり，その真下の横に 30 ブラキアの川が流れている．このとき塔の先端から川の対辺まで縄をわたすときの縄の長さを知りたい．」

(4) **抽象的問題**：

⑥ “数を見つけよ”:「その七分の一に加えると 19 になる数を見つけよ．」

⑦ “10 を二分せよ”:「10 を二分し，各々を自乗し，それらを加える

＊7 貨幣・重量単位は都市や時代によって異なるが，おおよそ次の換算が使用された（単位は単数形で表記）．1 リブラ（リラ）＝20 ソルド＝12 ウンキア，1 ソルド＝12 デナロ．

と60になるようにせよ.」

こうした問題は数学の内容を豊かにし，数に親しみを覚えさせ，ひいては数感覚や数的思考の普及に寄与したと言えるであろう．これらの問題には古代（エジプト，ギリシャ，インド，中国など）にまで遡れるものも少なくなく，そこで用いられた計算法（主として三数法，仮置法）も連綿と継承されてきたと考えられる.

「三数法」は，$a:b=c:x$ において，既知数 a，b，c から内項と外項の積の一致で未知数 x を求める方法で，すでに古くから用いられていた. これは非常に便利な方法なので,「黄金則」とも呼ばれ，また比例計算なので「比例法」とも呼ばれている*8.

「仮置法」は，すでに見たように（**1.3** 参照），適当な解を仮に置き，それを調整して正しい解に導くという方法である.

さらに「複式仮置法」もある．こちらは,「カタイの法則」（regola del cataino）とも呼ばれる．この奇妙な名前はアラビア語カタアイン（「2つの誤り」の意味）に由来し，ラテン語を介してイタリア語になったもので，アラビア数学でもよく見られる方法である*9．現代的に述べると，$ax+b=c$ を求める場合，適当な答 x_1，x_2 を仮定し，x に x_1，x_2 を代入したときの誤差（不足）をそれぞれ y_1，y_2 とすると，$x=\frac{x_2y_1-x_1y_2}{y_1-y_2}$ となる．多くの算法書ではこの原理を説明せず，公式として利用している.

1次方程式は実際は代数学を使わず，以上の三数法，仮置法で解かれ

＊8　これは和算（第15章参照）や中国数学では異乗同除と呼ばれた．すなわち「先知の三件を𢾾(もっ)て不知の数を求む」.

＊9　これはアラビアではまた「天秤法」ともよばれていた．しかしすでに古代中国にもあり，『九章算術』（前100年前）では第7章「盈(えい)不足」と呼ばれた.

るのが普通である．2次方程式は「コスの技法」すなわち代数学で扱われるが，これは重要な方法なので通常は独立した章で扱われた．この技法はイタリアからやがてドイツ，フランス，さらにスペイン，イギリスなどにもたらされ，それぞれの言語で代数学書が書かれるようになる．

年	著者	国	作品名
1494	パチョーリ	イタリア	『スンマ』
1525	ルドルフ	ドイツ	『コス』
1554	ペルティエ	フランス	『代数学』
1557	レコード	イギリス	『才知の砥石』

俗語による初期の主な代数学刊行本

ところで今日では，現代数学の論文というと記号ばかりで書かれたものという印象が強い．実際数学と記号法は密接に関わり，記号法の使用によって数学は展開してきたと言える．記号抜きにしては概念の一般化，とりわけ無限概念はとても説明ができない．中世算法学派は数学記号の展開に寄与したので次にそれを見ていこう．

7.5 記号法

数学記号といっても様々なものがある．演算記号（+，—，$\int$など），数記号（x，y，a，b，nなど），数表記記号（分数記号，小数点など），図形表示記号（△ABCなど）である．

代数記号法に関しては，ギリシャ数学史家ネッセルマン（1811-81）の提示した三分類がしばしば取りあげられてきた．

文字代数（古代ギリシャ，アラビア）
省略代数（算法学派）
記号代数（近代西洋）

文字代数とは，記号を使用せず文章のみで数学を表記するもの．省略代数とは，文章で書かれたもののうち，重要な単語に関して省略形を用いるもので，それによって煩雑性が緩和されていった．たとえば中世イタリア数学では cosa は co. と略され，今日の1次の未知数 x を示す．マイナス記号はラテン語で minus やイタリア語で meno（メーノ）であるが（ともにマイナスを意味），これは $\tilde{\mathrm{m}}$ と略され，やがて－となった．

記号代数とは，今日の数学のように，未知数のみならず既知数（自由変量）をも記号で表記する方法で，これが完成して初めて記号自体が新たな意味概念を持つようになり，記号操作による新しい数学概念の展開となった．こうして本格的方程式論や無限小を扱う微積分学が誕生することになるのである．

さてネッセルマンは，省略代数に古代ギリシャのディオファントス『算術』を加えている．確かに今日知られているギリシャ語版には省略記号があるが，それは13世紀に書き写された写本（ビザンツの数学者プラヌデスが書き写したものが現存最古の写本）での話であり，古代のディオファントス自身が省略記号を用いたことにはならないであろう．また『算術』は11世紀にギリシャ語からアラビア語へと翻訳されたが，その訳者は記号法については何ら言及しておらず，またそのアラビア語訳にも省略記号はなく，古代においても省略記号への言及はない．すなわちギリシャ語による数学

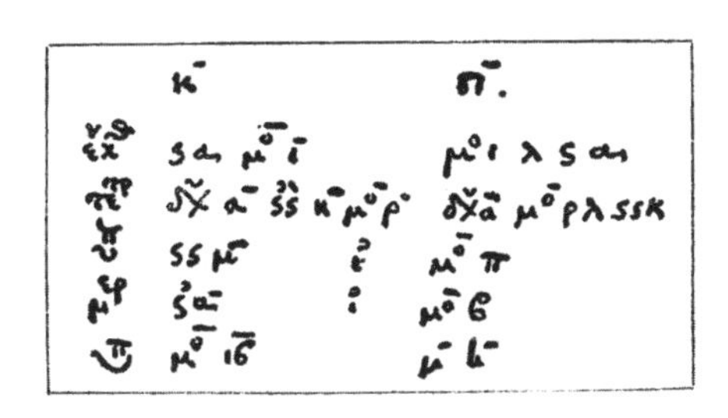

14世紀『算術』の写本に見られる記号

和が20，平方の差が80なる2数を求める問題の解法で，次のような計算をしている．

$x+10$	$10-x$
$x^2+20x+100$	$x^2+100-20x$
$40x\quad=$	80
$x\quad=$	2
$x+10=12$	$10-x=8$

	略号	読み方
x^0	n°	numero
x^1	co	cosa
x^2	ce	censo
x^3	cu	cubo
x^4	ce ce	censo de censo
x^5	p° r°	primo relato
x^6	ce cu	censo de cubo (cubo de censo)
x^7	2° r°	secundo relato
x^8	ce ce ce	censo de censo de censo
x^9	cu cu	cubo de cubo
	・・・	

℞. p^a. n^o. nũo.
℞. 2^a. co. coſa.
℞. 3^a. ce. cenſo.
℞. 4^a. cu. cubo.
℞. 5^a. ce. ce. cenſo decenſo.
℞. 6^a. p^o. r^o. primo relato.
℞. 7^a. ce. cu. cenſo decubo e an/
che cubo decenſo.
℞. 8^a. 2°. r^o. ſecundo relato.
℞. 9^a. ce. ce. ce. cenſodecenſo de
cenſo.
℞. 10^a. cu. cu. cubo decubo.
・・・

パチョーリ『スンマ』(1494) の未知数表記

の省略記号は古代ギリシャ数学のビザンツ期の 11-13 世紀になされた可能性が高いといえる (**2. 9** 参照).

西欧では, アラビア語からラテン語への翻訳運動時代の 12 世紀には省略記号はほとんど用いられていないが, その後 13 世紀頃から省略記号がラテン語でもイタリア語でも登場し始める. 15 世紀後半になるとパチョーリは x^{29} までの未知数の省略記号を示している. またフィレンツェの算法教師ラファエッロ・カナッチ (15 世紀後半) は, 正方形を用いたユニークな未知数表記法を提示している. しかし統一的記号法は存在せず, 既知数 (自由変量) もまだ記号化されなかった.

この省略という行為は筆写作業の簡略化から生じたことを指適しておこう. このころ地中海世界では大量の数学書が書き写されたが, それは紙の普及によることが大きい. 古代末期からギリシャ世界・ローマ世界

数	numero	**n°**
x	chosa	**c°**
x^2	censo	□
x^3	chubo	◫
x^4	censo di censo	□ □
x^5	relato	⊟
x^6	chubo di censo	◫ □
x^7	promicho	⊞
x^8	censo di censo	□ □ □
x^9	chubi di chubi	◫ ◫
x^{10}	relato di censo	⊟ □

カナッチの記号

では，学術文献はパピルス（これは紙ではない）に代わり，羊皮紙（パーチメント）や子牛の皮（ヴェラム）にインクで書かれるようになってきたが，それらは高価で，しかも削って消してその上に書き足すこともでき改竄も可能であった．他方，紙が中国で発明され，その後アラビア世界で普及し，中世地中海世界でも容易に手に入るようになると，筆写が頻繁に行われるようになり，省略化への道が生まれた．同じ頃，書いては消していくという計算の跡が残らない算板による計算とは別に，紙の上の筆算が生じた．それには安価な大量の紙が必要で，複雑な計算ほどそれが増す．アラビア世界からダマスクス産や北アフリカ産の紙を輸入販売したのがイタリアの商人たちであり，彼らこそ商業数学の支援者でありかつ実践家であった．まもなく北イタリアで大きな製紙業が起こり，イタリア産の紙がアラビアの紙に取って代わり，それはさらに西洋各地に広まっていった．

こうして紙の普及によって算法書の筆写が頻繁に行われ，13世紀頃から西洋世界に省略記号が広く普及していったことがわかる．ただし以上はあくまで省略記号であり，数学全体の記号化（記号代数）にはまだ時間

年　代	地　域
150 年	中　国（蔡倫の発明）
751	中央アジア（サマルカンド）
793	東アラビア（バグダード）
10 世紀	東アラビア（カイロ，ダマスクス）
1110	北アフリカ（フェズ）
1144	イベリア半島（サティバ）
1276	イタリア（ファブリアーノ）
1390	ドイツ（ニュルンベルク）

製紙業の成立年代

参考：小宮英俊『紙の文化史』，丸善，1992，p.48.

と根本的な思考の変革が必要であった.

なお筆算が普及したとは言え，日常では計算したり数を表記したりするのに指表記を使用することも多かった．これはアラビアとは関係がなく，すでに中世初期から知られており，算法書の冒頭にその図が掲載されることもある.

本章は省略代数の時代を主に扱ったが，そこに登場する算法学派による商業数学の普及によって，中世イタリア人の数感覚

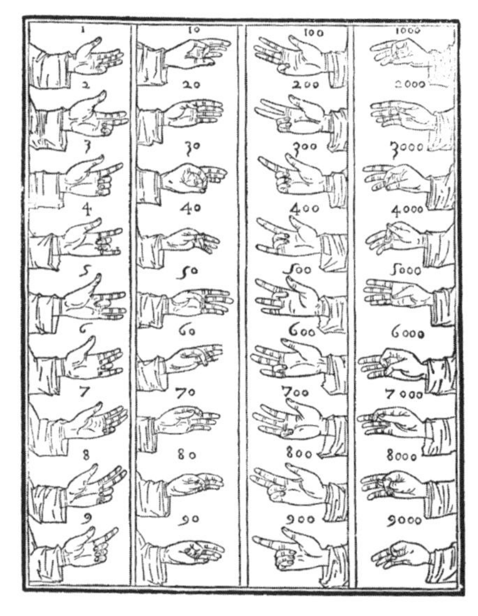

パチョーリ『スンマ』の指表記法

は徐々に豊かになっていく．そして近代西洋における，事物を数量的に把握するという素地が生まれていくのである．

学習課題

(1) 自然界にはフィボナッチ数列が様々現れている．それを調べてみよう．またフィボナッチ数列の特徴を調べてみよう．

(2) ピサのレオナルドの3次方程式の解の精度を調べてみよう．

(3) **7.3**の図を参考に，パチョーリの7による検算を証明してみよう．

(4) 本文**7.4**にあげた算法書の問題を解いてみよう．

参考文献

・中村幸四郎『数学史：形成の立場から』，共立出版，1981.

　　ヴィエト，カルダーノなどの原典からの訳を含む.

・ダンラップ『黄金比とフィボナッチ数』（岩永恭雄・松井講介訳），日本評論社，2003.

　　フィボナッチ数列に関する数学啓蒙書.

・カジョリ『初等数学史』（上）（小倉金之助補訳），共立出版，1970.

　　記号法の具体例が数多く掲載されている.

・クロスビー『数量化革命』（小沢千重子訳），紀伊國屋書店，2003.

　　事物を数量的に把握する思考様式が生じたことを論ずる.

・三浦伸夫『フィボナッチ』，現代数学社，2016.

　　アラビア数学，西洋中世数学にも言及.

・中村滋『フィボナッチ数の小宇宙』，日本評論社，2002.

　　フィボナッチ数全搬について.

8 イタリアの3次方程式

《目標&ポイント》 中世からルネサンス期にかけてもっとも研究された数学分野に3次方程式の代数的解法がある．その成功はやがて微積分学や解析幾何などの新しい数学の基本となった．その発見を巡る優先権問題は数学史上有名であるが，それを再確認し，問題の所在について考える．さらにイタリアにおける方程式論の発展をみる．
《キーワード》 優先権問題，『アルス・マグナ』，数学試合，「カルダーノの公式」

8.1 3次方程式解法に向けて

算法教師たちは実用計算を教えるとともに，算法学校の生徒獲得のため技を競って数学研究を行っていた．そこで彼らが関心を向けたのは方程式解法である．未知数が複数個の多元方程式を研究する者がいる一方で，3次方程式解法に挑戦する者も出てきた．

2次方程式に関しては，当初アラビアから受け継いだ6つの標準形（1，2次方程式）の解法が論じられたが，やがてそれは22の標準型（$x^4+ax^2=b$ などの複2次方程式や，$x^3=a$ などの開立法を含む）に分類され増えていく．そして1390年頃書かれた作者未詳の著作『算術書』は，この伝統を超え，西洋ではピサのレオナルド（**7.2**参照）以来再び3次方程式の代数的解法を論題としている．その著作末尾（前半部分は分数計算，多項式計算，商業問題など）の「コスの技法」で扱われているのは，次の特殊な形に帰結する3次方程式41題である．

$$ax^3+bx^2=c,\ ax^3=bx^2+c,\ ax^3+c=bx^2.$$

最初の方程式の場合，$x=y-\dfrac{b}{3a}$ とおくと，2次の項が消去され，$y^3=ry+s$ の形に変数変換される．そして試行錯誤で解を求めている．ここでは正確な代数的解法は示されてはいないが，3次方程式への系統的関心が西洋で初めて現れている．当時3次方程式解法に実用的価値はなく，商人の子弟の教育には不要であったので，算法教師たちは実用から離れ，数学的関心と競争心とからそれに取り組んだ．ただしアラビアの伝統に見られるような幾何学的図解による証明にはあまり関心を示さず，もっぱら数値解を求めることが主眼であった．

高次方程式についてパチョーリは，未知数間の次数を落とせるなら2次方程式に還元できるので解くことができるが（$ax^5+bx^4=cx^3$ など），そうでない場合は試行錯誤で解くしかないと述べ，3次以上の高次方程式の代数的一般解法には否定的であった．ところで，ボローニャ大学でパ

名　前	職　業	主な活動地
ピエロ・デッラ・フランチェスカ（1412頃-92）	画家・数学者	サンセポルクロ
ルカ・パチョーリ（1445-1517）	数学教授	イタリア各地
シピオーネ・デル・フェッロ（1465-1526）	数学教授	ボローニャ
ニコロ・タルターリャ（1499頃-1557）	算法教師	ヴェネツィア
アンニバーレ・デッラ・ナーヴェ（1500-58）	数学教授	ボローニャ
アントニオ・マリア・フィオーレ（16世紀前半）	算法教師	ヴェネツィア
ジロラモ・カルダーノ（1501-76）	医師	ミラノ
ルドヴィコ・フェラーリ（1522-65）	数学教授	ボローニャ
ラファエル・ボンベリ（1526-72）	土木教師	ローマ

3次方程式代数的解法の関係者

北イタリアの地図

チョーリと同僚であった数学教授にシピオーネ・デル・フェッロがいた．彼は独自に特殊な形の3次方程式の代数的解法を編み出していた．こうして3次方程式解法に向けての第1歩が踏み出された．

8.2　優先権論争

3次方程式代数的解法を巡るジロラモ・カルダーノとニコロ・タルターリャの間の優先権論争は，数学史上きわめて有名である．今ここでそれを簡単に振り返っておこう．

シピオーネ・デル・フェッロが見いだした代数的解法は，$x^3+cx=d$ という特殊な型の方程式だけであったと言われている．彼はそれを公表せずに，アントニオ・マリア・フィオーレとアンニバーレ・デッラ・ナーヴェにのみ解法を伝えて亡くなった．他方，タルターリャが自分も解法を見いだしたと豪語するので，フィオーレはタルターリャに公開の「数学試合」を挑んだ．1535年のその試合でフィオーレは30問提出したが，すべて$x^3+cx=d$の型の問題であった．そのうちの2つは，次の問題である．

- ・その立方根が加えられると6となる数を示せ（$x+\sqrt[3]{x}=6$）．
- ・大小の20面体があり，その表面積は合わせて700ブラッチャで，小さい方の面積は大きい方の面積の立方根である．小さい方の面積はいくらか（$x^3+x=700$）．

タルターリャはフィオーレの提出した問題を2時間以内ですべて解いた．一方フィオーレはタルターリャの提出した問題をほとんど解けず，タルターリャの圧倒的勝利に終わった．これはもちろんフィオーレが$x^3+cx=d$の型しか解けなかったからで，タルターリャはそれ以外に$x^3=cx+d$，$x^3+d=cx$の型の解法をすでに見いだしていたのである．

ところでタルターリャは三つの型の方程式の解法を，忘れないよう次のように詩の形で暗記していた[*1]．

立方とモノとが合わさって　　① $[x^3+cx=d]$
ある数に等しくなるとき，
これだけの差を持つ他の2数を見つけよ．　　$[u-v=d]$
　　次いで次のことに常に従うがよい．
　　その積は常に
　　モノの3分の一の立方に等しいことに．　　$\left[uv=\left(\frac{c}{3}\right)^3\right]$

＊1　詩の形で覚えやすいようにした解法は，中世西欧ではヴィルデューのアレクサンドル（1200年頃）の『アルゴリスムの詩』が有名であるが，インド，中国，日本の数学にも見られる．

そしてそれらの立方根が引かれた
その残りが一般的に
汝の元のモノになるであろう．　[$x=\sqrt[3]{u}-\sqrt[3]{v}$]
　　これらの第2番目の　② [$x^3=cx+d$]
　　立方だけが残るときには，
　　汝は他の規則に従うがよい．
その数を2つに分けるがよい．　[$u+v=d$]
すると一方と他方の積は明らかに
モノの3分の一の立方きっかりとなる．　$\left[uv=\left(\dfrac{c}{3}\right)^3\right]$
　　次いで通常の仕方に従いこれらのうちの
　　立方根を取り，相互に合わせるがよい．
　　そうすればこの和が汝の値となろう．　[$x=\sqrt[3]{u}+\sqrt[3]{v}$]
次いでこれら我々の第3の計算は　③ [$x^3+d=cx$]
正しく吟味するなら第2の計算で解ける．
本質的にそれらはほとんど一緒である．
　　以上のことを私はつぶさに見いだした．
　　一五三四年に．
　　強固で創意に満ちた基礎をもって
　　海に囲まれた都市［＝ヴェネツィア］の中で．

ここから，たとえば

① $x^3+cx=d$ の解は，記号を使って書くと，

$$x=\sqrt[3]{\sqrt{\left(\frac{c}{3}\right)^3+\left(\frac{d}{2}\right)^2}+\frac{d}{2}}-\sqrt[3]{\sqrt{\left(\frac{c}{3}\right)^3+\left(\frac{d}{2}\right)^2}-\frac{d}{2}}\quad c>0,\ d>0$$

となる．これは今日，発見者のタルターリャではなく「カルダーノの公

式」と呼ばれている*2. これを最初に公表したのがカルダーノだからである.

タルターリャが3次方程式の解法を発見したという噂を聞き及んだカルダーノは, 1539年タルターリャを訪問し, 解法の提示を重ねて懇願した. 最終的にタルターリャはカルダーノの要求に応じ, 自分が発表するまで決して公表しないことを条件に教えることになった. しかし結局約束は反故にされた.

8.3 カルダーノの証明

カルダーノは,『あらゆるもののうちで最も有益なる一般実用算術』(1539) では約束を守って沈黙していたが,『アルス・マグナ』(1545) で解法を公表した. それは3次方程式解法をタルターリャ以前すでにシピオーネ・デル・フェッロが得ていたと考えたからである. 許可なく公表してしまったことに激怒したタルターリャは, 翌年『様々な問題と発見』を公刊し, カルダーノへの攻撃を開始した. 両者のこの激しい

ARS MAGNA, QVAM
VVLGO COSSAM VOCANT, SIVE RE-
GVLAS ALGEBRAICAS, PER D. HIERONYMVM
Cardanum in Quadraginta Capitula redacta, & eſt
Liber Decimus ſui Arithmeticæ.

De duabus æquationibus in ſingulis capitulis. Cap. I.

ÆC ars olim à Mahomete, Moſis Arabis filio initium ſumpſit. Etenim huius rei locuples teſtis Leonartus Piſaurienſis eſt. Reliquit autē capitula quatuor, cum ſuis demonſtrationibus, quas nos locis ſuis aſcribemus. Poſt multa uero temporum interualla, tria capitula deriuatiua addita illis ſunt, incerto authore, quæ tamen cum principalibus, à Luca Paciolo poſita ſunt. Demum etiam ex primis, alia tria deriuatiua, à quodam ignoto uiro inuenta legi, hæc tamen minime in lucem prodierant, cum eſſent aliĳs longe utiliora, nam cubi & numeri & cubi quadrati æſtimationē docebant. Verum temporibus noſtris, Scipio Ferreus Bononienſis, ca-

『アルス・マグナ』冒頭

冒頭には代数学略史が書かれ, フワーリーズミー, ピサのレオナルド, パチョーリなどの名前が見える

＊2 $x^3=cx+d$ の解は記号を使って書くと,

$$x=\sqrt[3]{\frac{d}{2}+\sqrt{\left(\frac{d}{2}\right)^2-\left(\frac{c}{3}\right)^3}}+\sqrt[3]{\frac{d}{2}-\sqrt{\left(\frac{d}{2}\right)^2-\left(\frac{c}{3}\right)^3}} \quad c>0,\ d>0.$$

となる.

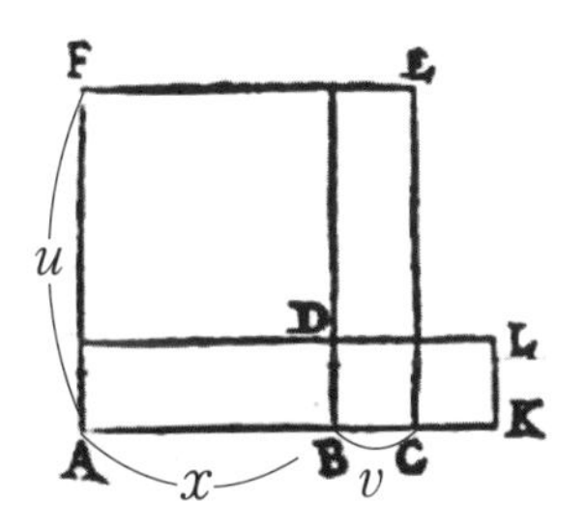

『アルス・マグナ』の図解

論争はタルターリャの死の1557年まで継続する.

カルダーノの主著『アルス・マグナ』とは,「大いなる技法（アルス）」つまり代数学を意味し,「小さな技法（アルス）」（アルス・マイオル）, すなわち商業算術と対になった言葉である. 本書は, 従来の算法書に見られる個別的問題解法の集成という形式から脱却し, 方程式論の体系的記述への転換の書となった歴史上重要な書である. 負の数を認めなかったカルダーノは, 係数が正になるように3次方程式を分類し, それぞれに固有の解法を与え, 幾何学的解法（証明としての図解）, 代数的解法, 例題をつけている. 数一般を表記する記号法はまだ存在せず, したがって証明は図形を用いてなされることになる. 一方, 部分的に記号化された代数学は計算の手順を与えている. こういった幾何学と代数学との分担役割は「コスの技法」の伝統であった.

まず, 現代表記を用いてカルダーノによる幾何学的解法を $x^3+6x=20$ を例に見ておこう. カルダーノは上の図のように平面図を用いているが, 実質的にはACを一辺とする立方体を分解して図解したと考えてよい.

$x^3+6x=20$ において $x=u-v$ とおくと,

$$x^3=(u-v)^3=u^3-v^3-3uvx.$$

よって　$u^3=x^3+3uvx+v^3.$

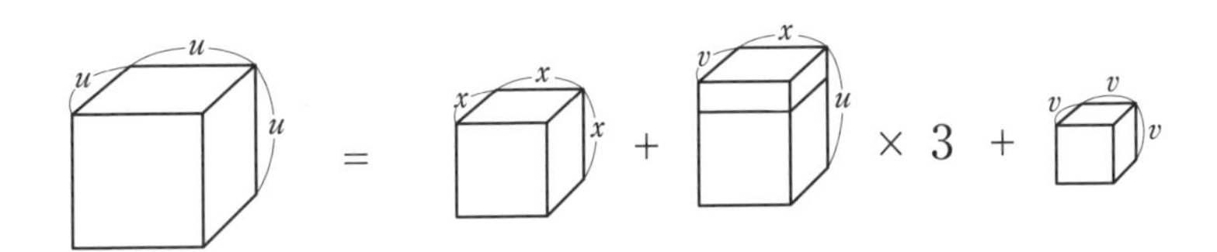

これは1辺 $u=x+v$ の立方体を分解することを意味する．

ここで

$$x^3+3uvx=u^3-v^3.$$

これが

$$x^3+6x=20$$

に等しいので，係数比較して

$$\begin{cases}3uv=6\\u^3-v^3=20.\end{cases}$$

これを解くと

$$\begin{cases}u^3=\sqrt{108}+10\\v^3=\sqrt{108}-10.\end{cases}$$

よって

$$x=u-v=\sqrt[3]{\sqrt{108}+10}-\sqrt[3]{\sqrt{108}-10}.$$

以上がカルダーノの図解である．2次方程式の平方完成の図解を3次方程式に拡張したものといえよう．この図解は簡潔であり，カルダーノ以降よくみられるようになった．

8.4 カルダーノの代数的解法

次に，カルダーノは $x^3+6x=20$ の代数的解法を次のように述べている．まず言葉で示され，次いで省略記号が用いられ図式化される．

> 立方と6つの「置かれたもの」*3が20に等しい．6の三分の一である2を立方し，8とする．定数の半分である10を自乗し，100とする.100

＊3　カルダーノは未知数を「モノ」(*res*) だけでなく，「置かれたもの」(*positus*) としたが，両者に区別はない．

cub^{9} p:6 reb^{9} æq̄lis 20	cubus p:6 rebus aequalis 20	$x^3+6x=20$
2 20	2 20	$\frac{6}{3}=2$ 20
8 ——— 10	8 10	$2^3=8$ $\frac{20}{2}=10$
108	108	$8+10^2=108$
℞ 108 p:10	R 108 p：10	$\sqrt{108}+10$
℞ 108 m:10	R 108 m：10	$\sqrt{108}-10$
℞ V: cu.℞ 108 p:10	RV：cu. R 108 p：10	$\sqrt[3]{\sqrt{108}+10}$
m:℞ V:cu.℞ 108 m:10	m：RV：cu.R 108 m：10	$-\sqrt[3]{\sqrt{108}-10}$

カルダーノの代数的解法（$x^3+6x=20$）

と8とを加え，108を得る．その平方根をとると$\sqrt{108}$である．それを2度つくり，定数の半分である10を一方に加え，同じ物を他方から引くと，二項和*4として$\sqrt{108}+10$，二項差として$\sqrt{108}-10$を得る．これらの立方根をとり，2項差の立方根を2項和の立方根から引け．モノの値である$\sqrt[3]{\sqrt{108}+10}-\sqrt[3]{\sqrt{108}-10}$が得られる．

既知数の記号化がなされていないので，この計算手順はまだ一般的解法とは言えない．

4次方程式の一般的解法を見いだしたのは，カルダーノの弟子で，のちにボローニャ大学数学教授となったルドヴィコ・フェラーリであり，その4次方程式解法が『アルス・マグナ』第39章で紹介されている．そこでは4次方程式は巧妙な方法で3次方程式に還元され，解が求められる*5．

＊4　二項和，二項差とは本来エウクレイデス『原論』第10巻に基づく線分概念であるが，中世以降は数値として理解されるようになり，$a\pm\sqrt{b}$，$\sqrt{a}\pm\sqrt{b}$の型の項を示す．

＊5　まずx^3の項を消去し，残りの式を完全平方式にするような条件を求めるが，その際に3次方程式が出てくる．この3次方程式を解けばよい（本章，学習課題参照）．5次以上の方程式の代数的一般解法が存在しないことは，1826年ノルウェーの数学者アーベル（1802-29）によって証明された．

3次方程式はとりあえず解けたが，まだそこには大きな問題があった．先の方程式の解は2であることは容易にわかる．これと$\sqrt[3]{\sqrt{108}+10}-\sqrt[3]{\sqrt{108}-10}$とはどのように結びつくのであろうか．さらに$x^3=cx+d$の方程式において，公式の根号内の$\left(\frac{d}{2}\right)^2-\left(\frac{c}{3}\right)^3$が負になる場合も問題である．たとえばカルダーノは$x^3=15x+4$を公式に適用して，$x=\sqrt[3]{2+\sqrt{-121}}-\sqrt[3]{2-\sqrt{-121}}$を得るが，これ以上は進めない．しかし他方で，この方程式の解が4であることは公式を用いずとも明らかである．負の数の平方根があるにもかかわらず実数解が出てくる場合（「還元不能の場合」という）である．カルダーノの公式は途中で複素数を通ってその有効性を発揮できるのである．

その難点を解決し，新たな数概念の確立へと向かったのがラファエロ・ボンベリである．その『代数学』（1572）は当時公刊された代数学書の中で最も詳細なもので，4次までの方程式を論述している．

8.5 ボンベリとディオファントス

ボンベリは

$$\sqrt[3]{2+\sqrt{-121}}=a+\sqrt{-b},$$
$$\sqrt[3]{2-\sqrt{-121}}=a-\sqrt{-b} \qquad (a>0,\ b>0)$$

とおいて，$a^2+b=5$，$a^3-3ab=2$から巧妙な計算を通じて（正整数解のみを考える），$a=2$，$b=1$を見いだし，$\sqrt[3]{2+\sqrt{-121}}=2-\sqrt{-1}$とした．こうして，方程式の解は$(2+\sqrt{-1})+(2-\sqrt{-1})$から4を得る．

この$\sqrt{-1}$，$-\sqrt{-1}$を，彼はそれぞれ「負の正」（più di meno），「負の負」（meno di meno）と新たに呼び，（più di meno）×（più di meno）は負（meno）

になることなど，その演算規則を示した[*6]．彼はこの数に厳密な証明を与えることはできず，それを「詭弁（数）」(sofistica) と呼んだにすぎないが，新しい数概念への第一歩を踏み出したことだけは確かである．p. は più，m. は meno の略なので，ボンベリの表記法によれば，2p. di m. 3 は，今日の $2+3i$ ということになる．ただし彼は，のちに虚数と呼ばれることになるその数の重要性を明確には認識していなかった．それのみか，負の数さえも方程式の解とは認めていなかった．

ボンベリは『代数学』を1550年代に書き上げ，当時その原稿は写本として回覧され広く読まれていた．彼はヴァチカン図書館で古代ギリシャのディオファントス『算術』の写本に出会い，その内容を知るに及んで，自己の代数学は未だ中世以来の伝統に依存しているがゆえに，もはや教科書としては不適切であることを悟った．このころになると代数学は理論と実践の区別がなくなり，また新しい解法の出現により，従来の算法学派のような具体例だけの記述ではすまなくなっていた．ボンベリはディオファントスの形式を模倣することによって，すでに完成していた自

年	訳　者	言　語
1570頃	アントニオ・マリア・パッツィ	イタリア語
1572	ボンベリ（翻案）	イタリア語
1575	クシュランダー	ラテン語，ドイツ語
1585	ステヴィン（翻案）	フランス語
1621	バシェ・ド・メジリアック	ラテン語

ディオファントス『算術』近代語訳

＊6　ボンベリは $\sqrt[3]{2+\sqrt{-121}}$ を R.C.⌊2p. di m. 11」と書いている．R.C. は立方根，⌊とその逆」は括弧を示している．

己の代数学書の書き替えを企図する．こうして出来上がったのが刊本の『代数学』である．彼はディオファントス『算術』のイタリア語訳を公刊しようとしたが果たせなかったので，この『代数学』の中にその成果を取り入れ刊行したのである．したがってこの刊本は，ディオファントスの影響を受けていないうちに書かれた手稿の『代数学』とは，用語や問題例が異なっている．これらの変更によって，代数学は従来の具体的実践的性格を捨て，理論数学へと変質を遂げた．ボンベリはディオファントスをモデルとして代数学を純粋数学化し，より高度な数学へと転化したのであった．

tanto	$\underset{\smile}{1}$	x
potenza	$\underset{\smile}{2}$	x^2
cubo	$\underset{\smile}{3}$	x^3
potenza di potenza	$\underset{\smile}{4}$	x^4
primo relato	$\underset{\smile}{5}$	x^5

ボンベリの記号

ここでディオファントスに出会う前後における用語法の変化を見ておこう．ボンベリは未知数に相当するものを，イタリアの代数学者にならって当初 cosa，censo，cubo… としたが，それらはアラビア起源にすぎず数学的有効性はないとして，刊本では新しく tanto（タント「これだけたくさんの」，英語の so much の意味），potenza（ポテンツァ，英語の power）という単語を導入した．さらに方程式では，未知数の次数の下に $\smile$ なる記号を付け，より簡単に表記する方法を採用した．つまり $3x^2$ は $\overset{\underset{\smile}{2}}{3}$ または $3^{\underset{\smile}{2}}$ と表されるのである．これによって未知数間の乗法も容易に示すことができ，理解が容易になった．ここでは未知数が従来の幾何学的束縛から解放され，単なる代数演算の記号になっていることに注意しよう．

たとえば，$x^3+5=6x^2$ は，$\overset{\underset{\smile}{3}}{1}$. p. 5 eguale a $\overset{\underset{\smile}{2}}{6}$ と表される．

もちろんこれらはディオファントスの表記そのままではない．1 次の未知数にディオファントスは数を意味するギリシャ語 ἀριθμός の語尾の

ςを用いたが，ボンベリはそれに対応するものに tanto をあて，数だけではなく無理量にも問題なく使用できるようにした．また「立方の立方」の意味は，ディオファントスでは6次（κύβο κύβος）であるが，ボンベリでは9次（cubo di cubo）である．現代的にいうなら，ディオファントスの指数表記法は加法的（$x^n \times x^m = x^{n+m}$），ボンベリのは乗法的（$(x^n)^m = x^{nm}$）ということになる．だが乗法的だと4，6，8，9次は表せても，素数の5，7，11次は表記できない．したがって relato（レラート，「関係」）という単語を導入し，それらの次数をそれぞれ「第1の関係」，「第2の関係」，「第3の関係」と呼んだ．

4 p. 5 / 3 p. 2　　3. m. 2. / 1.　　…… $\dfrac{4x^2+5x}{3x+2}$　$\dfrac{3x-2x^2}{1}$

5. p. 6. m. 6. / 4. p. 5.　　…… $= \dfrac{5x^2+6x-6x^3}{4x^2+5x}$

ボンベリによる $\dfrac{3x-2x^2}{1} \div \dfrac{4x^2+5x}{3x+2}$ の計算

ボンベリは代数学のアラビア的雰囲気を除去し，こうして代数学はもはや単なる「コスの技法」ではなく，今や実質的に「算術の大いなる部分（パルテ・マッジョーレ）」となったのである．

学問としての代数学には，もはや従来の算法学派の日常的実践問題は不要である．ボンベリは，ディオファントス『算術』のほとんどすべての問題（143題）を自己の『代数学』の第3巻に導入し，手稿にある日常問題を非人称化した．

手稿と刊本の内容を比べてみよう．前者の問題は，

> 二人の男がある金額を所持している．最初の男が第二の男に，「あなたの所持金の平方根の2倍に等しい金額を私にくれるなら，私の所持金はあなたの所持金の2倍となろう」と言う．第二の男は最初の男に，

> 「あなたが私に要求したのと同じ割合をくれるなら，私の所持金はあなたの所持金の 6 倍となろう」と言う．各々はいくら持っているか（問題 140）．

これが刊本になると次のように書式が大幅に抽象化される．

> 第二が第一にその平方根の 2 倍与えると，第一は第二の残りの 2 倍になり，第二が第一に与えたのと同じ割合だけ第二が第一から受け取ると，第二は第一の残りの 6 倍となる．このとき，これら 2 つの数量を見いだせ（問題 231）．

これは現代式で示すと，

$$\begin{cases} x+2\sqrt{y}=2(y-2\sqrt{y}) \\ y+2\sqrt{x}=6(x-2\sqrt{x}) \end{cases}$$

である．

ボンベリは算法学派最後を飾る数学者の一人ではあるが，その代数学書は系統だって論ぜられたので（ただし誤植がきわめて多かったが），広く読まれ，1 世紀以上も後のライプニッツさえも研究することになる．

その後数学の中心地は北イタリアからフランスへ徐々に移行していく．そしてヴィエトが登場し，既知数をも記号で表すという新しい記号法概念を創案し，代数学に新風を送り出すことになる．

学習課題

(1)　カルダーノの公式とボンベリの方法とを用いて，$x^3+3x=36$ を解いてみよう．

(2)　数学史上の優先権問題を調べてみよう．

(3)　$x^3+6x=20$（本文**8.3**）のカルダーノの公式による解が2になることを確かめてみよう．

(4)　$x^4+6x^2+36=60x$ をフェラーリの方法で3次方程式に還元して解いてみよう．すなわち，$x^4=-6x^2+60x-36$ と変形し，両辺に $2ax^2+a^2$ を加え，両辺が完全平方式となるような a を求める．

(5)　**8.5** で $\sqrt[3]{2+\sqrt{-121}}=2+\sqrt{-1}$ となることを示してみよう．

参考文献

・ファン・デル・ヴェルデン『代数学の歴史』（加藤明史訳），現代数学社，1994.
　古代から現代までの代数学の通史.

・オア『カルダーノの生涯』（安藤洋美訳），東京図書，1978.
　カルダーノの生涯と業績が当時の文脈の中で描かれている.

・カルダーノ『カルダーノ自伝』（清瀬卓，澤井繁男訳），海鳴社，1980.
　カルダーノの自伝の原典からの訳.

・カルダーノ『わが人生の書』（青木靖三，榎本恵美子訳），社会思想社，1980.
　上記とは別の訳者によるカルダーノの自伝訳.

・木村俊一『天才数学者はこう解いた，こう生きた』，講談社選書メチエ，2001.
　方程式解法の歴史が数学者によって興味深く記述されている.

・ハル・ヘルマン『数学10大論争』（三宅克哉訳），紀伊國屋書店，2009.
　本書の論題を含め，数学史上の論争が興味深く描かれている.

9　ルネサンスの数学

《目標＆ポイント》 ルネサンスには政治的宗教的混乱の中で新しい市民階層が誕生してくる．そのとき誕生した数学を，イタリアにおける古代ギリシャ数学の復興，数学の実用性，数学の新たな応用において見ていくと同時に，ドイツにおける代数学の発展を理解する．
《キーワード》 古代の復興，計算術師（レッヘンマイスター），数学讃歌

9.1　古代ギリシャ数学の復興

ルネサンスの数学は古代ギリシャ数学の復興から始まる．その代表は，「数学の復興者」と呼ばれた人文主義的素養（ギリシャ語など）を身につけた数学者フェデリコ・コンマンディーノ（1509-75）である．彼は人生後半にはイタリアの宮廷都市ウルビーノで古代ギリシャ数学の翻訳に打ち込んだ．当時ウルビーノ公がその地に古代ギリシャ数学の写本を集めており，コンマンディーノはそれを利用して，エウクレイデス，アルキメデス，パッポス，ヘロンなど古代ギリシャ数学の重要な作品をラテン語やイタリア語に翻訳した．彼は単に翻訳者にとどまらず，自身も日時計や立体の重心についての著作も残している．

彼を中心としたウルビーノで活躍した学者たちには，「新アルキメデス」と呼ばれたギドバルド・デル・モンテ（1554-1607），ベルナルディーノ・バルディ（1553-1617），ムジーオ・オッディ（1569-1639）などがいるが，そこでは軍事的関心から数学器具作製，要塞設計などが試みられ，

その基礎としての古代ギリシャ数学の復興が企図され，数学的諸学がとりわけ称賛された．なかでもバルディ『数学者年代記』(刊行は1707年)は，古代からルネサンス期までの数学者の伝記を記し貴重な資料である．しかし教皇領となり，宮廷がローマに移転すると(1631)ともにウルビーノでの活動も終焉する[*1]．

第8章で取りあげたカルダーノやタルターリャは，ウルビーノで活躍した学者たちとは異なり，北イタリア(ミラノやボローニャ)で活躍し，代数学を中心としていた．しかし両者に共通するのはアルキメデスの称賛である．アルキメデスはとりわけ16世紀前半に盛んに研究された．ムールベクのウィレム(13世紀中頃)がすでに翻訳していたギリシャ語からのラテン語訳が印刷刊行され，それはタルターリャによるアルキメデス著作集(1543)に結実する．アルキメデスの数学復興は，重心問題，円錐状体・球状体の体積，円錐曲線の求積，ら線への接線などの議論を再燃し，新しい数学誕生の契機となった．

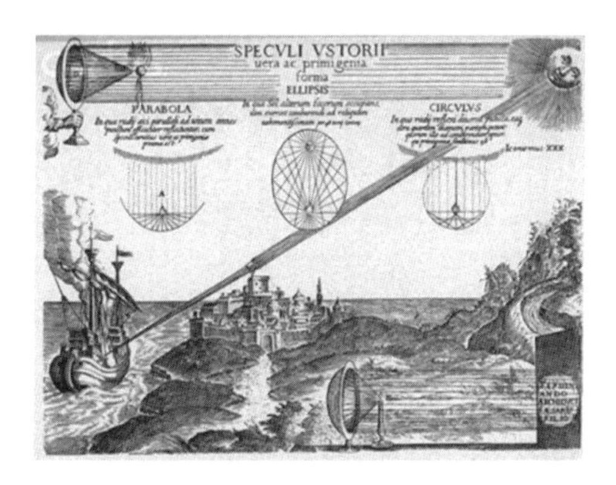

ローマ船に燃焼鏡で攻撃を加えるシラクサ軍
アルキメデスの逸話に題材を得たキルヒャー『光と影の大いなる書』(1671)より

＊1　古代数学の復興に寄与した者は，他にもレギオモンタヌス(1436-76，ニュルンベルクとローマで活躍)，フラチェスコ・マウロリコ(1494-1575，シチリアで活躍)等がいる．

9.2 ルネサンスのエウクレイデス『原論』

エウクレイデス『原論』のラテン語訳で重要なのはコンマンディーノ訳だけではない．イエズス会の学校コレージョ・ロマーノ（ローマ学院，1551年設立）の数学教授クラヴィウス（1538-1612）は，「16世紀のエウクレイデス」と呼ばれたように，自身による詳細な注釈を加えた『原論』ラテン語編集版（1574）を残し，その後の『原論』解釈に大きな影響を与えることになる．漢訳の元になったのもこの版である（**3.2**の図参照）．

『原論』はこの時期に次々と近代語で印刷され，その中で新しい数学用語が作られていく．

	言　語	訳　者	
1543	イタリア語	タルターリャ	1-15巻
1555	ドイツ語	ショイベル	7-9巻
1564-66	フランス語	フォルカデル	1-9巻
1570	英語	ビリングスリー	1-16巻
1576	スペイン語	サモラーノ	1-6巻
1606	オランダ語	ドウ	1-6巻
1607	中国語	マテオ・リッチ，徐光啓	『幾何原本』1-6巻

エウクレイデス『原論』の近代語初訳（部分訳も含む）

この時期公刊された『原論』で最も興味深いのは，ヘンリー・ビリングスリー（16世紀後半）による英訳『原論』である．それは立体図形を扱った箇所（第11巻）の一部がポップ・アップ式になっており，実際に3次元に組み立てて立体図形が理解できるように工夫されているが，数学書としてはおそらく初めての試みであろう．さらに立体図形には陰影や展開図が付けられている．

またこの版は当時『原論』に付けられた多くの注釈を集成したもので，さらに驚くべきことに16巻まで含んでいる*2．しかしこの英語版を有名にしたのは，外ならぬジョン・ディー（1527-1608または1609）による序文がそこに含まれているからである．

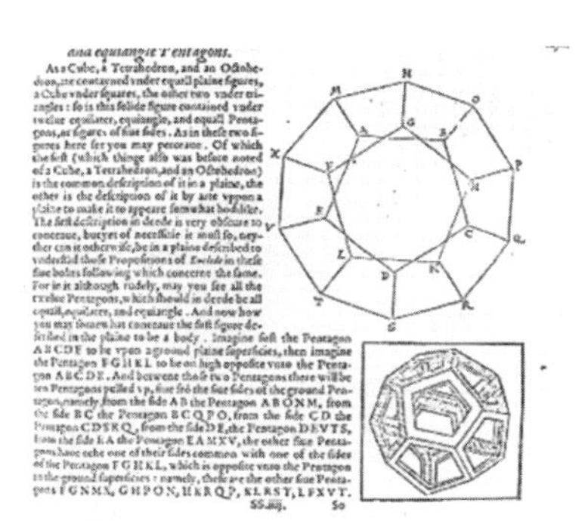
and equiangle Pentagons.

As a Cube, a Tetrahedron, and an Octohedron, are contayned vnder equall plaine figures, a Cube vnder squares, the other two vnder triangles: so is this solide figure contained vnder twelue equilater, equiangle, and equall Pentagons, or figures of fiue sides. As in these two figures here set you may perceaue. Of which the first (which thinge also was before noted of a Cube, a Tetrahedron, and an Octohedron) is the common description of it in a plaine, the other is the description of it by arte vppon a plaine to make it to appeare somewhat bodylike. The first description in dede is very obscure to conceaue, but yet of necessitie it must so, neyther can it otherwise, be in a plaine described to vnderstand those Propositions of Euclide in these fiue bokes following which concerne the same. For in it although rudely, may you see all the twelue Pentagons, which should in dede be all equall, equilatere, and equiangle. And now how you may somewhat conceaue the first figure described in the plaine to be a body. Imagine first the Pentagon ABCDE to be vpon a ground plaine superficies, then imagine the Pentagon FGHKL to be on high opposite vnto the Pentagon ABCDE. And betwene those two Pentagons there will be ten Pentagons pulled vp, fiue frō the fiue sides of the ground Pentagon, namely, from the side AB the Pentagon ABONM, from the side BC the Pentagon BCQPO, from the side CD the Pentagon CDSRQ, from the side DE, the Pentagon DEVTS, from the side EA the Pentagon EAMXV, the other fiue Pentagons haue eche one of their sides common with one of the sides of the Pentagon FGHKL, which is opposite vnto the Pentagon in the ground superficies: namely, these are the other fiue Pentagons FGNMX, GHPON, HKRQP, KLRST, LFXVT.

SS.iiij. So

ビリングスリー版エウクレイデス『原論』第11巻の図

9.3　数学讃歌

序文でジョン・ディーは，『原論』は，経験と熟練を積んだ公共の職人が奇抜な機械，器具を作るのを助けると言い，さらに数学が広く応用可能で有用であること，世界を完全に解釈する梯子となり，人間の精神と霊魂とを美しく飾る役目をすることを強調し，数学の有用性と確実性を高らかに宣言する．そこには古代ギリシャのプロクロスや，中世イングランドの学者ロジャー・ベイコン（1219頃-1292頃）の数学思想の影響が見られる．またディーは様々な種類の数学部門の英単語を考案した．

当時英国の大学では専門的数学はまだ教えられていないし，実用数学も未発達であった．そのような中でようやくロンドン市では公的援助のもとに数理科学の講義が始まった．1588年の初回の講義は，数学実践家

＊2　本来の『原論』は13巻で，14，15巻は古代に追加され（**3.2**参照），第16巻はフランソワ・ドゥ・フォワ（ラテン語名フラッスス，1502-94）が加えた．

（mathematical practioner）で多くの実用啓蒙書を出したトーマス・フッド（1577-96 活躍）によるもので，数理科学を美辞麗句で称賛している．その少し後 1598 年には，ロンドンにグレシャム・カレッジが設立され，その天文学と幾何学の教授たちは新興科学の推進者となった．こうして大陸に遅れていたロンドンは，17 世紀初頭には実用数学，実践科学の中心地へと変貌することになる．

英語で公刊された初期の数学書には，ディーと同郷のウェールズ人ロバート・レコード（1510 頃-58）による初等算術書『技巧の基礎』（1543）がある．それは生徒と先生との対話形式で書かれ，教育的配慮に富み，17 世紀末までに 45 版を重ねた．そこでは算術がすべての技芸のなかで最初に学ばれるべきものであるとされ，音楽，自然学，法学，文法学，哲学へ数が果たす役割が述べられる．たとえば文法学であれば，品詞は数によって区別されるし，シラブルは数から成立し，韻律も数の助けが必要であると述べられている．また『知識への小道』（1551）は『原論』第 1-4 巻をまとめた初等幾何学書であり，大工，画家，金細工職人，刺繍職人などには比や形状や計測が不可欠なので，幾何学が必要なことが謳われる．レコードは様々な数学記号の普及にも貢献し，代数学を論じた『才知の砥石』（1557）（ラテン語で砥石を意味するのは cos であり，これは「コスの技法」を懸けている）では，今日と比べて少し長めの等号記号などを考案している．

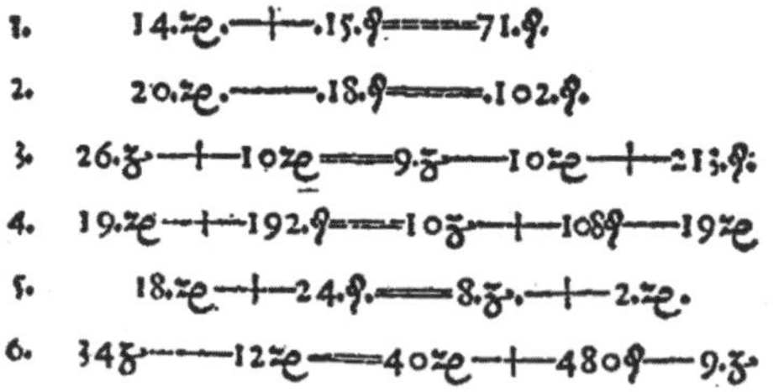

この時期にはイギリスだけではなく各国で，日常生活のため，そして人間精神形成のため数学が

レコード『才知の砥石』の記号

6 の式は，$34x^2-12x=40x+480-9x^2$

有用であることが盛んに謳われた．

9.4 ドイツの計算術師たち

中世後期からヨーロッパ各地で産業が興隆し，貨幣経済が活発化していくが，イタリアでは毛織物業の興隆と地中海貿易，金融業で商業算術が盛んになったことは先に述べた（第7章）．他方中部ヨーロッパのドイツ語圏では葡萄酒作りが盛んで，そこから発生する税金を計算するため，葡萄酒樽の計量を専門とする公的な計算術師が生まれた．彼らはドイツ語でレッヘンマイスター（Rechenmeister）と呼ばれ，ここに我々はイタリアの算法教師の次のプロフェッショナルな数学者集団を見る．

彼らは通俗計算書を多く出版した．なかでもアダム・リース（1489-1559）は有名で，エルフルトで算法学校を開き，アバクス（桁を示す線を引いた計算板，**6.1** の図参照）による計算と筆算とを比べた『線とペンによる計算』（1522）という初等数学書を残し，それは108版も重ねたと言われる大ベストセラーであった．今日でもドイツ語で“nach Adam Riese”とは「精確に言えば」を意味するが，それはリースの計算力がいかに精確であったかを物語る．

葡萄酒樽は中央の膨らみにより計量が容易ではなく，また地域によってその形態が多様であったが，彼らは樽全体あるいは部分を満たす葡萄酒量を経験則から割り出したり，特殊な計量棒を考案したりして概算で計量した．ここで容積を求めるという計量学（Visierkunst）がとりわけドイツやオランダで流行する．

メンハー『算術書』（1560）

貨幣経済の広範な進展に障害となったのは通貨単位の不統一で，そのために算法書では換算問題が多く取り扱われていた．だがそれにも増して困難を引き起こしたのは，鉱山業や葡萄酒製造業などにおける複雑な度量衡単位であった．実践的技術者たちにとって単位の統一は必要と思われるが，しかしそれは現代の我々の考えであって，閉じた社会の中では慣習を変えることは容易ではなかった．統一単位の提案もあったが，完全には採用されることはなく，メートル法制定（1799）の後でさえ今日に至るまで，アメリカのヤード・ポンド法などさまざまな度量衡にその残照が見られる．

9.5 幾何学者デューラー

コペルニクス（1473-1543）とほぼ同時代を生きたアルブレヒト・デューラー（1471-1528）は，画家としてつとに著名であるが，ドイツ語で幾何学書を著したことでも知られている．それは『線，平面，立体におけるコンパスと定規による測定法教則』（1525，1538）で，「若者と，幾何学の基礎についての正しい教師を持たぬ人々のために書かれた」．本書の内容は多岐にわたり，曲線の作図，正多角形の作図，平面充填問題，円積問題，平面図形の変換，円柱や建造物の製作，日時計作製法，アルファベットの描き方，立体図形の作成（立体図形の展開図），立体の変換，射影法など百科的内容を扱っている．

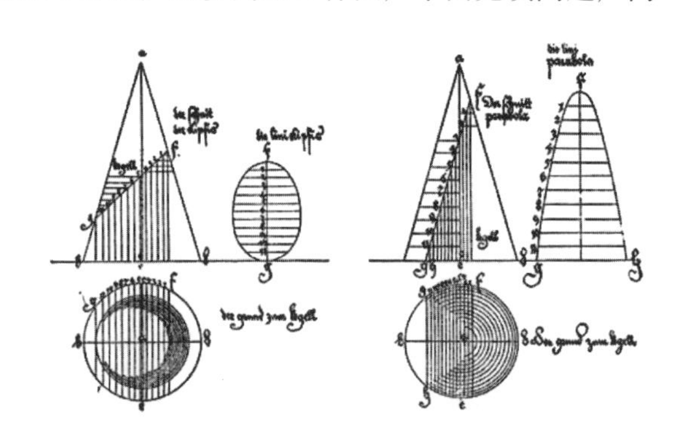

デューラーによる楕円と放物線の作図法

デューラーの数学は中世伝来の建築現場の伝統に由来し，正多角形や正多面体などの作図幾何学を中心とする．しかしそれだけではなく，ドイツ語で書かれた数学書のうちでは早い段階で，立体倍積問題などの古典的問題，円錐曲線などの高等数学にも言及し，エウクレイデス『原論』の要約を付けさえしている．こうしてデューラーの数学は当時の実用数学をはるかに凌駕し，理論数学に迫る内容をも持つ．それがドイツ語で書かれたのは，若者や学者でない者にも理解できるようにであり，その意味では啓蒙的で，そのためデューラーは新しいドイツ語幾何学用語を案出した（楕円は「卵の線」，放物線は「焦線」，双曲線は「叉状線」など）．しかし円錐曲線などは内容が高度で，読者は十分には理解できなかったようである．作図幾何学の後継者達はデューラーの取り扱った題材の中でも，射影法，建築への数学の応用，アルファベット字体などに限って作品を残している．ヤムニッツァー（1507/1508-1585）の『正立体の遠近法』(1568) はその中でも最も美しく仕上がった作品として知られている．

デューラーの幾何学書のラテン語訳（1532）はただちにクラヴィウス，ステヴィン，ガリレオなど多くの著名な読者を獲得し，デューラーは当時画家のみならず幾何学者としても評価されることとなった．当時は古代ギリシャ数学が復興し，数学記号法が成立しつつある数学が大展開する時期にあった．しかし彼の作品には証明はなく，また微積分学以前の内容をもつため，その数学はすぐさま忘れ去られてしまう．当時の学者たちの論証数学とデューラーの作図幾何学とは，数学そのものの種類や研究目的が異

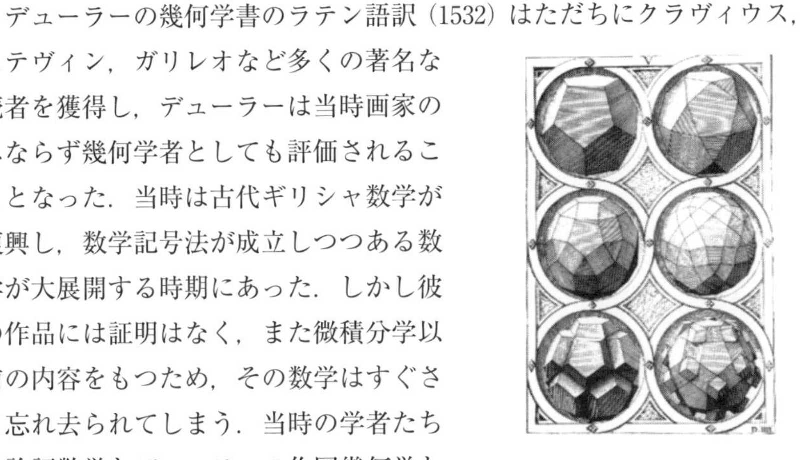

ヤムニッツァー『正立体の遠近法』

なっていたのである．しかし今日から見ても，デューラーの数学は生き生きとした多彩な内容を持ち，数学することの面白さを見せてくれる．

9.6 シュティーフェル

カルダーノ等と同時代にドイツで活躍した数学者の一人にミハエル・シュティーフェル（1487 頃-1567）がいる．彼は激動の 16 世紀にあって，波乱に富んだ生涯を送ったルター派の聖職者であり，多くの数学書を著した．なかでも著名なのが，当時の算術・代数学の集大成である『算術全書』（1544）である．

『算術全書』はドイツの人文主義学者メランヒトン（1497-1560）の序文付きで公刊され，かなりの版を重ねた．3 部からなり，第 1 部は算術の集大成，第 2 部はエウクレイデス『原論』第 10 巻の無理量論の数値的解釈，第 3 部はシュティーフェルが「完全なる計算法」と呼ぶコスの技法である．

彼の代数学への貢献を 3 つあげておこう．第 1 は新しい記号法の導入である．そこではドイツ語初の代数学書『コス』（1525）を書いたクリストフ・ルドルフ（1500 頃-1540 頃）の表記法にならい，未知数がドイツ字体を用いて乗法的に命名されている．

次数	1	2	3	4	5	6	…
未知数	𝔯	𝔷	𝔠	𝔷𝔷	ß	𝔷𝔠	…
	（ r	z	c	zz	ß	zc	…）

ここで，r は radix（根），z は zensus（ラテン語の census に由来），c は cubus（立方），zz は zensdezens（zens は census を示し，「census の census」の意味で 2 次の 2 次），ß は sursolidum（「立方を越えた」の意味），zc は

zensicubus（「３次の２次」）の略である．しかしルドルフがアラビア数学と同様に数には dragma（ϕ なる記号）という単位を付けていたのに対して，シュティーフェルはそこにもはや何も必要としなかった．

また，演算記号に関してはヴィトマンにならい，加減法に＋，－を用い，それらは実際の加減法が行えない a と $\sqrt{b}$ のような二項を結合して，$a+\sqrt{b}$ にするのに有効であると述べている．無理数は $\sqrt{6}$ を √ʒ6，$\sqrt[3]{6}$ を √ce6 と表し，今日我々が用いている記号に近づいてきた．

２次方程式の解法は「コス式数の開平法」と呼ばれている．従来，２次方程式は負の係数を避けるため分類整理され，それぞれの型に個別の解法が付与されていたが，『算術全書』では方程式の還元に関して一般法則が確立されている．これが第２の貢献である．興味深いのは，

$$x^2+ax=b,\quad x^2+b=ax,\quad x^2=ax+b$$

を統一して考察し，±の概念を用いて「代数学の統一的法則」によって次のように述べているところである．

> まず根の数［$=x$ の係数］から始め，それを二分せよ．二分したものをしかるべく保持しておき，あとで演算全体を行えるようにせよ．次に，この二分したものを平方せよ．第３に，出てきたものを加法記号あるいは減法記号で加えたり引いたりせよ．第４に，この加法の和や減法の差の平方根を見いだせ．第５に，この出てきたものを記号や例に従って，加えたり引いたりせよ．

この公式，すなわち $x=\sqrt{\left(\dfrac{a}{2}\right)^2\pm b}\pm\dfrac{a}{2}$ は，それぞれの操作の先頭の頭文字をとって AMASIAS[*3] と呼ばれる．ただしここでは加法と減法

とを分けて考えているように，シュティーフェルは先の方程式を統一的に $x^2 \pm ax \pm b = 0$ と表記して解いたのではない．のちにオランダのシモン・ステヴィン（1543-1620 頃）は，$-a$ を負項とみるのではなく正項を引くとみなし，全体を加法で統一的に表記し，AMASIAS を完成させた．シュティーフェルは方程式の負の解を認めず，したがって $x^2 + ax + b = 0$ のタイプは扱えず，ここでもまだ伝統の殻を打ち破ることはできなかった．

シュティーフェルの第 3 の貢献は，正負の指数を導入したことである．という数列の組み合わせをとり，上列を下列に対する指数（exponens）

指数	−3	−2	−1	0	1	2	3	4	5	6
数	$\frac{1}{8}$	$\frac{1}{4}$	$\frac{1}{2}$	1	2	4	8	16	32	64

と呼び，それをさらにゼロよりも小さい「虚構の数」（numeri ficti）つまり負数へと拡大し，それらはゼロ以上の数，つまり「真の数」（numerum verum）と同様に計算できるとする．この算術級数と幾何級数との 2 列の相関関係はすでにニコラ・シュケ（1500 年頃）が注目してはいたが，『算術全書』第 1 部では，「算術級数における加法は，幾何級数における乗法に対応する」など，後に確立される対数法則に対応するものを算術の範囲で法則化して述べているのが特徴である．これら指数法則はさらにクラヴィウス『代数学』（1608）も展開し，他方で，同じ頃には対数がこの指数とは独立して論じられていくことになる．

以上シュティーフェルは，前半の章の創意工夫の富んだ理論的内容に

＊3　A numero…Multiplica…Adde…Subtrahe…Invenienda…Adde…Subtrahe….

対し，後半では具体的な代数学の応用問題を例挙しているが，そのなかから一例をとり出し，当時の論述法を確認しておこう．

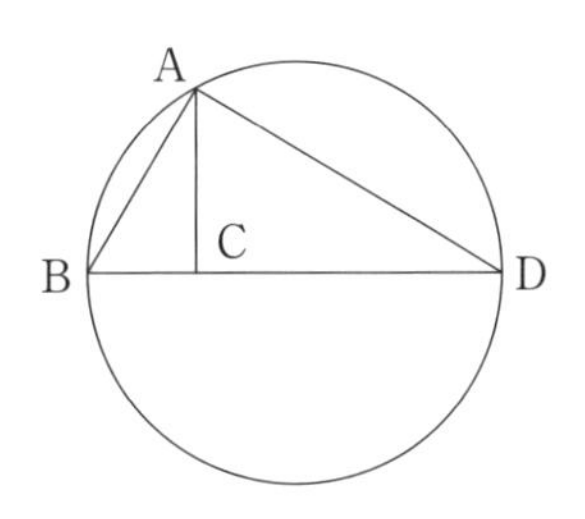

直径が 120，直径から円周への垂線が √ȝ.2925−√ȝ405000*[4]なる円がある．このように分割された 2 つの弦 AB と AD の大きさを問う．

さて，AC を垂線，BC を x とすると，CD は $120-x$ というコス式の数で表される．AC は BC，CD の比例中項なので，$120x-x^2$ が 2925−√ȝ405000 に等しいという方程式ができる．すると x は 45−√ȝ450 となる．これが BC である．それゆえ CD は 75+√ȝ450 となる．

ここで AD と AB とを結べば，エウクレイデス『原論』第 1 巻最後から 2 番目の命題［＝ 命題 47 で，いわゆるピュタゴラスの定理］より，円の弦がいくつになるかがわかる．すなわち短い弦 AB は無理数√ȝ.5400−√ȝ 6480000．弦 AD は√ȝ.9000+√ȝ 6480000 である．

このように例題にはまず具体数値が示され，そののちすぐ解答が与えられるというように，いまだ伝統的問題形式である．とはいうものの『算術全書』は教育的配慮に富んだ理論実践書でもあり，代数記号法や指数概念の普及に貢献し，とりわけドイツ語圏で多く読まれた．こうして代数学はイタリアからドイツへ波及していった．

15 世紀末から 16 世紀にかけて代数学の記号化が進み，数の示す幾何学的意味も徐々に薄れていったことがわかるであろう．しかし政治的・

＊4　$\sqrt{2925-\sqrt{405000}}$ を表す．2 重根号を示すため最初の√ȝのあとに点が打たれた．これは当時広く用いられていた表記法である．

宗教的に混乱していた時代のなかで，数に神秘的意味付けがなされることもあった．

9.7 数秘術

古代ギリシャ以来アルファベットに数値をあてはめて数を示す方法が存在した．すると単語自体もが数値をもつことになり得るので，この数に意味が関係づけられることになる．つまり単語には隠された意味が存在し，それを解釈するという数秘術が古来盛んに行われてきた．さて16世紀は宗教戦争など戦火に見舞われた時代であり，不安な未来を予測する占星術が大流行した．数もまた事象を解釈する手立てとしてしばしば用いられ，この時代は数学者（というより数学史に登場する宗教者）もそれに関わったことが特徴である．とりわけプロテスタント系の数学者が盛んに反カトリック的数値解釈を行い，その中には，ネイピア（『聖ヨハネ黙示録全体の開示』1593）やファウルハーバー（1580-1635）など才能豊かな数学者も含まれるが，シュティーフェルは特筆に値する．

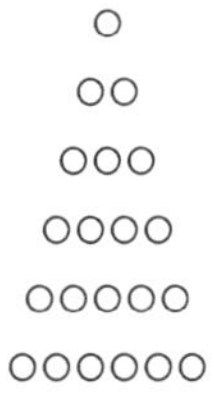

シュティーフェルは『反キリスト者の計算の書』（1532）で，単語に数値をあてはめ解釈している．たとえば当時プロテスタントが嫌ったローマ教皇レオ10世（Leo decimus）に含まれるLeo DeCIMVsをローマ数字MDCLVI（1656）と解釈し，神秘を意味するMysterium（M＝1000）を除き，10世の10を加え，666と解釈した（当時UとVは同じであった）．この数は『黙示録』（13，18）によれば獣を意味し，こうしてレオ10世は獣と解釈された．またラテン語Ecce lignvm Crvcis（十字架を見よ）のローマ数字の部分を取り出すと，

○
○○
○○○
○○○○
○○○○○
○○○○○○

三角数

小石を1，2，3，…と並べたときの和

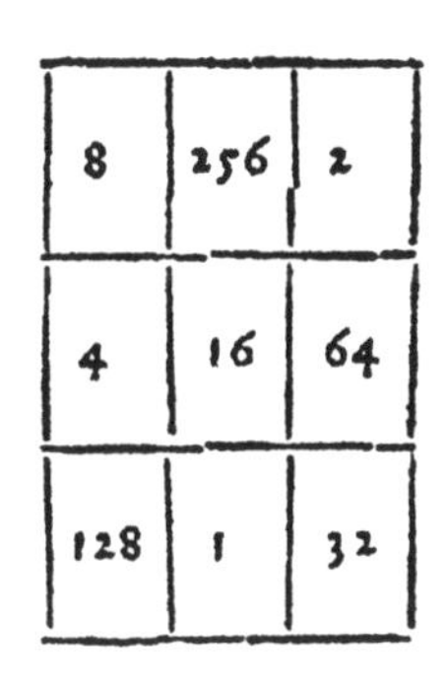

8	256	2
4	16	64
128	1	32

256	9	247	245	12	13	243	242	16	17	239	238	20	21	235	2
3	226	213	45	46	210	209	49	50	206	205	53	54	201	32	254
4	33	200	63	193	192	66	67	189	188	70	71	185	58	224	253
252	34	59	178	169	89	90	166	165	93	94	161	80	198	223	5
251	222	60	81	160	101	155	154	104	105	151	98	176	197	35	6
7	221	196	82	99	146	141	117	118	137	112	158	175	61	36	250
8	37	62	174	100	113	136	123	122	133	144	157	83	195	220	249
23	38	73	173	107	114	129	126	127	132	143	150	84	184	219	234
24	218	183	85	108	115	125	130	131	128	142	149	172	74	39	233
232	217	75	86	148	138	124	135	134	121	119	109	171	182	40	25
231	41	76	87	147	145	116	140	139	120	111	110	170	181	216	26
27	42	180	162	159	156	102	103	153	152	106	97	95	77	215	230
28	43	179	177	88	168	167	91	92	164	163	96	79	78	214	229
228	202	199	194	64	55	191	190	68	69	187	186	72	57	55	29
227	225	44	212	211	47	48	208	207	51	52	204	203	56	31	30
255	248	10	11	245	244	14	15	241	240	18	19	237	236	22	1

シュティーフェルによる積の魔方陣と，16×16 の魔方陣
右図 14 行 6 列の 55 は 65 の誤り

MCCCCLVVII＝1462 で，これはその年の戦い（ゼッケンハイムの戦い）に対応するという．

また彼は連続する三角数をアルファベットに順にあてはめ，それを用いて文章を解釈する方法も用いている（a=1，b=3，c=6，…，y=253，z=276）．こうして，ラテン語 id bestia leo（「この獣はレオ」）に数値をあてはめ加えると，ここでも獣の数 666 が出てくる．最終的に彼は 1563 年 10 月 19 日 8 時をこの世の終末と計算した．彼の『算術大全』に見られる魔方陣作成法も，おそらく数に関する特別な関心からであろう．

数秘術は通常数学史では取り上げられることはない．しかし 16 世紀には少なからずの数学者がこの術に関心を寄せ，また数比の神秘性に関心を寄せたケプラーやフラッドやキルヒャーなど影響力ある学者たちがいたという意味で，数秘術も広く数学文化の中で考えることができるのではなかろうか．

学習課題

⑴　デューラーの双曲線，楕円の作図法を調べてみよう．

⑵　**9.3** の図の式 1-5 を現代の式になおしてみよう．

⑶　**9.7** の id bestia leo が，アルファベットに三角形数をあてはめて 666 になることを示してみよう．ただし，u=v=w，i=j とする．

⑷　**9.7** にあるような積の魔方陣の原理を考えてみよう．

参考文献

・下村耕史『デューラーの「測定法教則」』，中央美術出版，2008.
　　　デューラー『測定法教則』の翻訳と詳しい解説.

・カジョリ『初等数学史』（下）（小倉金之助補訳），共立出版，1970.
　　　多くの写真が含まれている.

・『原典　ルネサンス自然学』（下），名古屋大学出版会，2017.
　　　ジョン・ディー「序文」，オートリッド「数学への鍵」の訳を含む.

10 対数から積分法へ

《目標＆ポイント》 数学史家カジョーリ（1859-1930）は，近代における計算法の発展は，インド・アラビア式記数法の普及，小数の使用，対数の発見に帰着するという．前2者はすでに触れたので，ここでは対数の発見と展開を見ていこう．そこには意外な発想と展開が見られる．
《キーワード》 対数，ネイピア，三角法，プロスタパエレシス，不可分者の方法

10.1 三角法

対数の発見は三角法と結びついているので，まず三角法について簡単に振り返っておこう．三角法はすでに古代ギリシャ，インド，アラビア，ヘブライで存在したが，それはもっぱら天文学の一部としてであった．ルネサンス期西欧では新たな展開が生じたが，それは天文学からの三角法の独立，詳細な三角表の作製，天文学以外への三角法の応用である．

西欧で初めて三角法が天文学から独立して数学の一分野として論じられたのは，1463年に書かれたレギオモンタヌスの『あらゆる種類の三角形について』（公刊は1533年）である[*1]．この作品の内容にはジャービル・イブン・アフラフ（12世紀初頭）やレヴィ・ベン・ゲルションなど，中世アラビア・ヘブライ三角法の影響が見え，したがって取り立てて新

＊1　ただし表題には，「天文学の知識を完全にしたいと思う者に必要なことすべてを著者は5巻で説明する」とある．

しい知見は含まれてはいない．しかしそれは，平面・球面三角法をエウクレイデス『原論』にならって定義から厳密に論証し，多くの具体的問題を用いて説明されているので，体系的作品としてその後三角法のテクストのモデルとなった．

レギオモンタヌスは三角法の基礎に弧の正弦を置き，それは弧に対する弦の半分（半弦）であるとした．そこには三角比の概念はなく，半径 R，角 α とすると，正弦は $R\sin\alpha$ で示され，巻末には半径60000の正弦表がつけられている．まだ小数が普及していなかったので，値を整数にするためこのような大きな半径が必要であった．レギオモンタヌス以降はこの半径を大きくすることで，より桁の大きい正確な値を出すことに心血が注がれた．

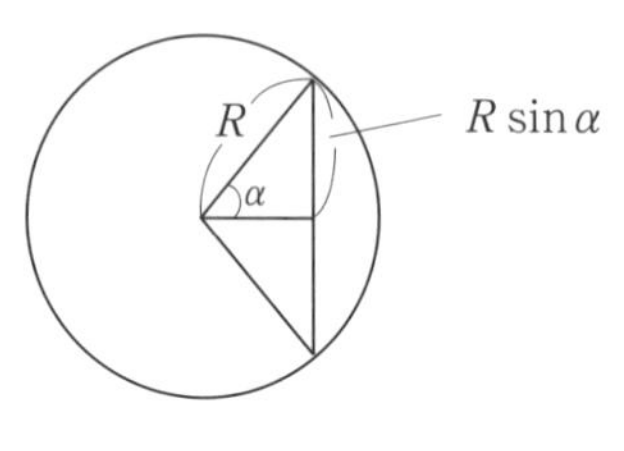

弦と弧

三角法を地上の問題に適用したのがバルトロメオ・ピティスクス（1561-1613）の『三角法あるいは三角形の大きさ5書』（1595）である．彼はそこでラテン語の「三角法」（trigonometria）という単語を考案し，この三角法が地上での測量や海上での航海術に有効であることを具体例で示している．

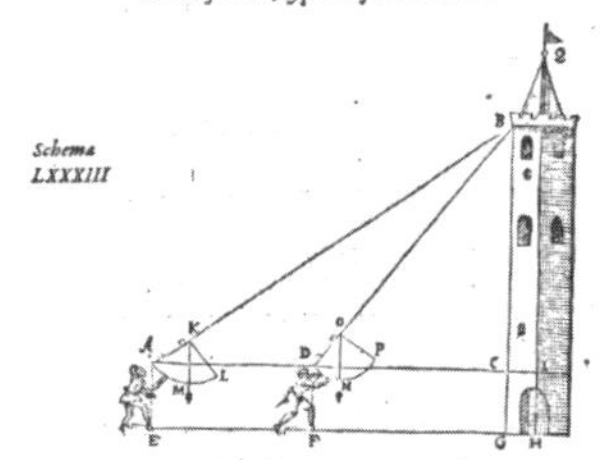
206 PROBLEMATVM ALTIMETRICORVM
(ita distantia AC.
200. ped.
ad alt. BC. 113 $\frac{854}{1000}$. id est ferè 114. ped.
NOTA. Si metiri libeat altitudinem globi Q. non danda erit distantia AC. sed AI. quia punctum Q. puncto C. non est perpendiculare.

PROBLEMA SECVNDVM.

Data distantia, hypotenusam inuenire.

Rursum sit data distantia A C. 200. pedum, quæratur autem hypotenusa A B. quot pedum?
Obseruatis & repertis per Quadrantem angulis, ut ante, Dico; Vt A B C.

ピティスクス『三角法…』

天文学においては正確な正弦表の作成が常に求められる．しかし数値を補完する際，桁数の大きいやっかいな乗除計算が必要であった．そのためにある種の工夫がなされた．三角関数と三角表とを用いて，次のように乗除法を加減法に還元する方法である．

$$\sin a \sin b = \frac{1}{2}\{\cos(a-b) - \cos(a+b)\}$$

$$\cos a \cos b = \frac{1}{2}\{\cos(a-b) + \cos(a+b)\}$$

これはプロスタパエレシス（ギリシャ語で「加減」の意味）と呼ばれ，その基礎はすでに1580年代には大陸の天文学者達には知られており，最初に発表したのはニコラス・ウルスス『天文学の基礎：すなわち正弦と三角形の新しい理論』（1588）である．この方法は対数が普及するまで，わずかな期間ではあるがたいそう計算に重宝されることになる．

対数の発見の契機は，以上のような複雑な乗除法を加減法に変換するという要求以外に，すでにシュティーフェルやシュケが指摘していた（**9.6** 参照），2の冪数と指数における乗法と加法の対応関係の認識も関係する．

10.2　ネイピアの対数

ネイピアは『対数の驚くべき規則の叙述』*2（1614：以下では『叙述』と略す）で初めて対数を公表した．そこではとりわけ対数表の使用法が述べられており，背景となるその理論の解説が公表されたのは，死後2年たって息子によって公刊された『対数の驚くべき規則の構成』*3（1619：

＊2　正確には，『対数の驚くべき規則の叙述，そして三角法のみならずすべての数学的計算におけるその使用法が，最も迅速な方法で最も完全にそして簡明に説明される』．

＊3　正確には，『対数の驚くべき規則の構成．そして自然数とそれとの関係，および，もう一つの対数に関する付録が置かれる』．

以下では『構成』と略す）の中である．ネイピアの対数は今日我々が使用している対数（1728年にオイラーが導入）とはかなり異なっており，運動の概念を用いて構成されたものである．最初ネイピアは対数のことを「人工数」と呼んでいたが，後にlogarithm（ギリシャ語でそれぞれ比と数を意味するlogosとarithmosに由来）と名付けた．

ネイピアは，「長ったらしい乗除法，比の計算，開平法開立法」から解放される計算法を述べているが，その解説は必ずしも明解ではないので，ここでは『叙述』の内容を代数式を用いて解説してみよう．

いまP_0Oを長さv（$=10^7$）の定直線，L_0LをL_0から無限に延長される直線とする．P_0からOに向けて初速度vで出発し，POの長さに等しい速度をもつ動点Pをとる．したがってこれは減速していく．他方，同時にL_0から一定速度vで動く動点Lを考える．そのとき$L_0L(=y)$を$PO(=x)$の対数という．この対数は今日の対数とは異なるので，今ここではNogと仮に書くと，$y=\mathrm{Nog}\,x$と表せる．さて速度vで出発するので最初の$\dfrac{1}{v}$の時間では，下の線は$v\cdot\dfrac{1}{v}=1$進む．この間に点Pは同じ速度vで点P_0から点P_1に進む．

$$P_1O=P_0O-P_0P_1=v-1=v\cdot\left(1-\frac{1}{v}\right).$$

P_1の速度は$v-1$となる．よって次の$\dfrac{1}{v}$の時間に下の線はL_2まで進

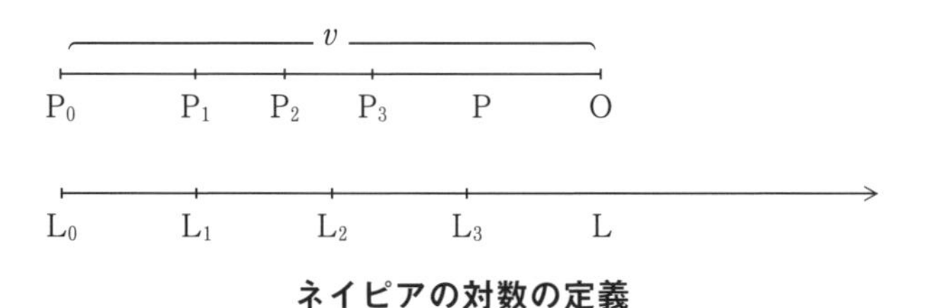

ネイピアの対数の定義

むが，上の線は$P_1P_2=\frac{1}{v}\cdot(v-1)$となる点$P_2$まで進む．

したがって

$$P_2O=P_1O-P_1P_2=v\cdot\left(1-\frac{1}{v}\right)-\frac{1}{v}\cdot(v-1)=v\cdot\left(1-\frac{1}{v}\right)^2.$$

こうしてP_nの速度は$v\cdot\left(1-\frac{1}{v}\right)^n$となる．

この列は

$$\begin{array}{ccccccc} v & v\cdot\left(1-\frac{1}{v}\right) & v\cdot\left(1-\frac{1}{v}\right)^2 & v\cdot\left(1-\frac{1}{v}\right)^3 & v\cdot\left(1-\frac{1}{v}\right)^4 & \cdots & v\cdot\left(1-\frac{1}{v}\right)^n \\ 0 & 1 & 2 & 3 & 4 & \cdots & n \end{array}$$

という関係なので，これをネイピアは「比例する量あるいは数の対数は等間隔である」（命題1）と述べ，この下の数を上の数の対数と呼ぶのである．上で見たように，ネイピアの対数には底という概念はなく，さらに指数と対数との明確な対応関係は指摘されず，指数という概念のない対数なのである*4.

次に対数表の作成法が『構成』に見られるのでそれを見ておこう．

彼は$a_k=10^7(1-10^{-7})^k$を用いて，$k=0$から100までを代入して計算

＊4　ネイピアの対数の特徴をいくつか指摘しておこう．そのためアナクロニズムを承知で自然対数（底のeは後にオイラーが導入）や微分法を利用しておく．

$PO=x$，$L_0L=y$，$x=x(t)$とすると，条件から，$x(0)=v$，$\frac{dx}{dt}=-x$より，微分方程式を解いて，$\int\frac{1}{x}dx=-t+C$．よって$\log x(t)=-t+\log v$．また$y=vt$．したがって，$y=v\log\frac{v}{x}$．ネイピアの対数をここではNogと書くとする．$y=\mathrm{Nog}\,x$であったので，$v\log\frac{v}{x}=\mathrm{Nog}\,x$，すなわちネイピアの対数と自然対数（log）とは少し異なる．

（次頁へ続く）

する．これは $a_{k+1}=a_k-10^{-7}a_k$ より，引き算の繰り返しで容易に求められる．その後巧妙な補間法を用いて次々と値を見いだす．

この書で興味深いのは，補間法や誤差の評価もさることながら，小数点の使用である．

> このようにしてピリオドで互いに分けられた数において，そのピリオドの後の数が分数と呼ばれている場合，その分母は，ピリオドの後の数字と同じだけキフルスをもつ 1 である．たとえば，10000000.04 は，$10000000\frac{4}{100}$ と同値である．同様に 25.803 は $25\frac{803}{1000}$．同様に，9999998.0005021 は $9999998\frac{5021}{10000000}$ と同値である，等々．

今なおゼロのことをアラビア語（シフル）に由来するキフルスと呼んでいることも興味深いが，ここでは小数概念が明確に捉えられていることにも注意しよう．ネイピアは対数表を通じて小数点の普及に多大な貢献をしたのである．

同書の付録は「1 の対数が 0 となるようなもう一つの対数」について言及している．その場合だと，不要なものが付かずに乗除が加減にきちんと変換される．しかし彼はこの新しい対数の概念を示しただけで亡くなった．それを引き継いだのが（あるいは同時に独立して発見したのが）グレシャム・カレッジ初代幾何学教授ヘンリー・ブリッグス（1561-1631）である（後にオックスフォード大学幾何学のサヴィル教授職にも就任）．

（＊ 4 の続き） また $\mathrm{Nog}1=v\log v$．さて

$$\mathrm{Nog}\,xz=v\log\frac{v}{xz}=v\left(\log\frac{v}{x}\frac{v}{z}\frac{1}{v}\right)=\mathrm{Nog}\,x+\mathrm{Nog}\,z+v\log\frac{1}{v}=\mathrm{Nog}\,x+\mathrm{Nog}\,z-\mathrm{Nog}\,1.$$

したがって $-\mathrm{Nog}\,1$ という余分なものがつき，ネイピアの対数は積を和には変えないことに注意．

10.3　ブリッグスの対数

ブリッグスの対数は今日では常用対数と呼ばれるもので，底が10なので，10進法の計算には便利である．その表の作成方法を見てみよう．

10の平方根は $10^{0.5}=3.1623\cdots$ となり，今その平方根を次々と計算してみよう．

数	10	3.1622…	1.7782…	1.3335…	…	1
指数	1	0.5	0.25	0.125	…	0

指数が次々と二分の一になっていくとき，それに対応する上の値は複雑である．利用する側としては，この数の値が使えるような簡単な数（たとえば整数）になるものが欲しい*5．そのため次のような作業を行う．

まず10と2の平方根を次々と開平していく．たとえば $c=2^{-54}$ とすると，

$$10^c=1.0000000000000001278191493200323 5=1+a$$

$$2^c\ =1.0000000000000000384773979655831 0=1+b$$

を求める．すると，$x=\log_{10}2$ のとき，$2=10^x$ となり，ここで a は小さい数なので，

$$1+b=2^c=(10^x)^c=(10^c)^x=(1+a)^x\fallingdotseq 1+ax.$$

よって $b\fallingdotseq ax$ から $x\fallingdotseq\dfrac{b}{a}$．これより

$$\log_{10}2=x\fallingdotseq\frac{b}{a}=\frac{3847739796558310}{12781914932003235}$$

$$\fallingdotseq 0.3010299956639812.$$

＊5　$\log_{10}3.1622\cdots$ などよりも $\log_{10}2$ のほうが使いやすい．

こうしてようやく2の対数が求まった．ブリッグスはこの作業を他の数でも根気よく繰り返し，さらに補間法を用いて，『対数の最初の千』（1617）では1000までの数の常用対数を14桁，『対数的算術』（1624）では1から20000と，90000から100000までの常用対数を14桁計算している．

オランダの出版業者アドリアーン・ヴラーク（1600-67）は，ブリッグス『対数的算術』の第2版（1628）で，1から100000まで自然数の10桁の常用対数表を公刊した．その後も次々と新しい対数表が主としてイギリスとオランダで競って作成されていく．これは印刷術の発展と航海術での要求にも関係する．こうして1630年頃には，対数表の大枠がほぼ完成の域に至ったといえる．

10.4 ビュルギ

ネイピアによると，『叙述』執筆の時点で20年間対数の研究に費やしてきたというので，1594年頃対数に繋がる発想を得たことになる．しかしそれ以前の1588年頃に対数のアイデアを発見したと考えられる人物がいる．スイスの時計師ヨースト・ビュルギ（1552-1632）である．彼の理論とその手順は印刷されずに手稿のまま残されたが，基本部分と表だけは匿名で1620年になって『算術・幾何数

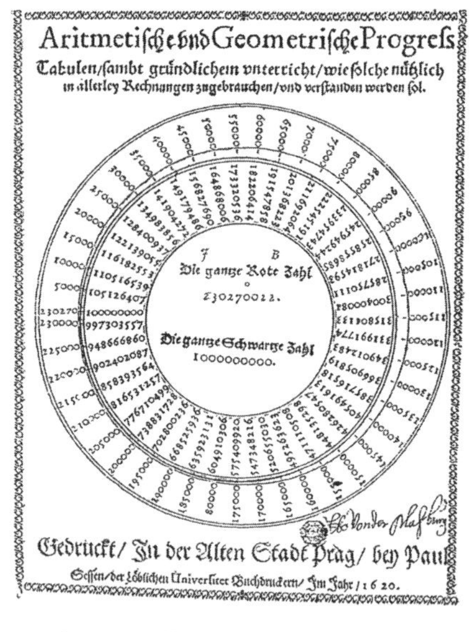

ビュルギ『算術・幾何数列の表』

列の表』としてドイツ語で公刊された．しかしすでにその時期にはネイピアやブリッグスの対数が普及し初めていたので，彼の対数は限られた影響しか与えなかった．

ビュルギの対数は算術比例と幾何比例の対応関係を基礎に置き，次のように述べる．

> 二つの数列，すなわち算術数列と幾何数列の性質と対応関係を考えると，後者の乗法は前者の加法，後者の除法は前者の減法，後者の開平法は前者の 2 分法であり….

彼は初項 10^8，公比（$1+10^{-4}$）の幾何数列で考え，$X=10^8(1+10^{-4})^Y$ とし，X を「黒い数」，$10Y$ を「赤い数」と呼び（実際に対数表では赤と黒で印刷されていた），それらの対応関係を示している*6．ただし彼は

	0	500	1000
0	100000000	100501227	101004966
10	……10000	……11277	……15067
20	……20001	……21328	……25168
30	……30003	……31380	……35271
40	……40006	……41433	……45374
~~	~~~~~~~~~~	~~~~~~~~~~	~~~~~~~~~~
500	1005012227	101004966	……11230

ビュルギの対数表

＊6　自然対数との関係を示しておこう．$X=10^8(1+10^{-4})^Y$ において，$x=10^{-8}X$，$y=10^{-4}Y$ とおくと，$x=(1+10^{-4})^{10^4y}$．ここで $(1+10^{-4})^{10^4}$ を計算すると 2.7181459…．他方 $e=2.718281828\cdots$ である．したがってビュルギの対数は自然対数にきわめて近い．このとき $x=e^y$，すなわち $y=\log x$ となる．

対数という言葉は使用していない．

いまここでビュルギの対数表の冒頭部分を見ておこう．表において，今日の真数にあたる黒い数が表の中央に，対数にあたる赤い数が欄外の上と左に書かれている．したがって通常の対数表とは位置が逆なので逆対数表である．$10^8(1+10^{-4})=100010000$ であり，たとえば表の上の欄 500 と左の欄 20 との交差した数（このとき $Y=52$）である黒い数 $100521328=10^8(1+10^{-4})^{52}$ は，その上の数 100511277 に $(1+10^{-4})$ を乗じて求められる．

10.5 ネイピア対ビュルギ

ネイピアは後のエジンバラのマーキストン城主で，若い頃大陸に遊学し，当地の数学を身につけたようである．運動を用いた彼の方法は，すでにポルトガルの自然学者アルバロ・トマス（15 世紀後半-16 世紀初頭）によっても議論されていたし，また後に見るサン・ヴァンサンのグレゴワール（1584-1667）も用いた当時よく知られた議論であった．そこから対数概念を生み出したのはもちろんネイピアの業績ではある．また 1590 年代末に書かれた原稿『計算術』の写しが残され，そこでは彼が当時大陸の代数学をすでに知っていただけではなく，記号法においても独創的アイデアが示されている．

ネイピアは当時たいそう著名であったが，それは対数の発見によるものではなかった．彼は農機具の改良，軍用馬車の改良，対スペイン戦用の様々な兵器の開発などに貢献し，さながら「エジンバラのアルキメデス」と呼ばれるにふさわしい人物であった．しかしそれ以上に彼を有名にしたのは『聖ヨハネ黙示録全体の開示』（1593）という英語の書物で，そこでプロテスタントの彼はローマ法王を痛烈に批判し，また終末の年までも予言した．これは当時のベストセラーで，フランス語，ドイツ語，オランダ語にも翻訳された．

他方ビュルギは本来は機械製作技師で，時計製作や計算など実践方面で多大な活躍をした．彼は大学とは関わりなく，当時の学術語であったラテン語には不案内で，また著作を書き残すという環境にもなかったので，その業績は時代とともに忘れ去られてしまった．しかし当時彼は「アルキメデスやエウクレイデスと同じレベル」とまで高く評価され，また数学ではコス式代数学のノートを残し，それをケプラーが熱心に研究している．

生きた環境も受けた教育も全く異なる二人であるが，ともに当時話題となっていた代数学や計算法に詳しく，さらに機器や器具製作に貢献し，アルキメデスになぞらえられるべき人物である点は共通している．また彼ら二人は対数表の使用法のみを公刊しただけで，その原理に関しては生前には公表することはなかった．それは技法の秘匿ということもあるかもしれないが，むしろ数学上の概念やそれを表現する方法が当時はまだ十分には確立していなかったことにもよる．

ネイピアの対数は直ちにエドワード・ライトによって英訳され（1616），さらにブリッグスとヴラークの常用対数表を通じて大陸にもすぐさま普及した．しかしそれだけにとどまらず，中国にはポーランド人宣教師スモゴレンスキー（1611-46）がブリッグスの対数を伝え，薛鳳祚（せつほうそ）（？-1680）は『天学会通』の中の『比例対数表』1巻（1653）でそれを初めて紹介している．対数は実用的で直ちに暦計算に使用できるからであろう，中国では微積分や解析幾何学の移入より先行したのである．実用的で便利なものは理論より早く伝達される例である．

10.6　積分への道——双曲線の面積

対数は計算を容易にするために考案されたことを見てきたが，この対数は意外な方向に発展していく．計算法における道具としての対数から，まさに誕生しようとしている積分学の対象としての対数への移行である．

古代のアルキメデスは放物線の求積に成功したので，残された他の二つの円錐曲線の求積が17世紀に話題となった．

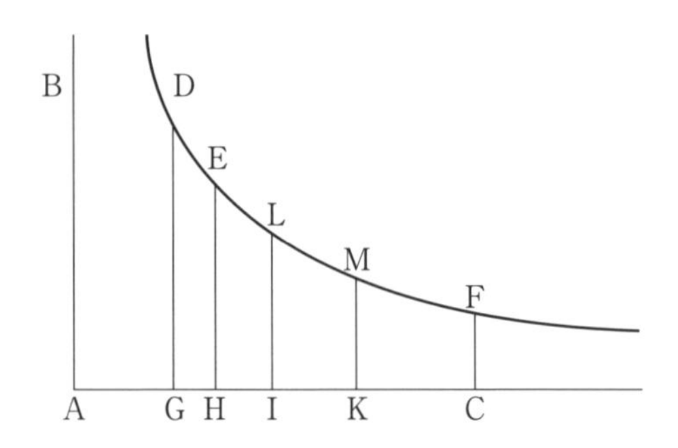

サン・ヴァンサンのグレゴワール『円と円錐曲線の求積の幾何学的研究』(1647) 命題109の双曲線

まずギリシャ数学に通じたイエズス会士サン・ヴァンサンのグレゴワールは，定規とコンパスによる円の求積を発見した（もちろん誤りである）として，1630年頃『円と円錐曲線の求積の幾何学的研究』を著した．これはきわめて浩瀚な著作であるが，戦乱により出版されたのは1647年のことである．そこで彼は次のように論じている．

> AB，ACを双曲線の漸近線とし，ACをAG，AH，AI，AK，ACが連比をなすように分割し，DG，EH，LI，MK，FCがBAに平行になるようにするとせよ．私は言う，領域HD，IE，KL，CMは等しい（命題109）

これは，双曲線において中心Aからの距離が幾何数列的に増大するとき，対応する領域は算術的数列で増大することを意味する．すなわち距離と領域とが対数関係となるのである[*7]．ただし結論自体は正しいも

＊7　$x=1$ から $x=t$ までの双曲線 $yx=1$ の下の面積は $\log t$ であると明確に（次頁に続く）

のであるが，そこでは本来必要な極限は考慮されておらず，また対数という言葉も見られない．

10.7 積分法

今日，微積分という言葉で微分と積分とを合わせて述べることがあるが，両者はその由来がまったく異なることに注意しておこう．積分の起源は古代のアルキメデスにまで遡ることができる．それ以降，個別の図形の面積や体積を求める方法がアラビア数学で大いに展開した．ただしそこに登場する無限小はとても煩瑣な仕方で扱われた．他方，微分は，西洋近代になって，運動の方向や曲線の接線が議論されるなかで登場する．したがって微分は近代数学で生まれた問題なのである．

ここでは西洋近代における積分法の始まりを見ておこう．それはヨハネス・ケプラー（1571-1630）とともに始まる．9 章で述べたように，葡萄酒樽の計量は中世以来経験的に様々な方法がとられてきた．それを初めて数学的にしかも体系的に議論したのがケプラーである．彼はその計測理論を『葡萄酒樽の新立体幾何学』（1615）や『葡萄酒樽の計測』（1616）で論じている．彼はまず，円は半径を 2 辺とする無限個の 2 等辺三角形からなると考え，円の面積：直径の平方を言うため（11：14 としている），図のように円周をまっすぐに延ばし線分 BC とし，

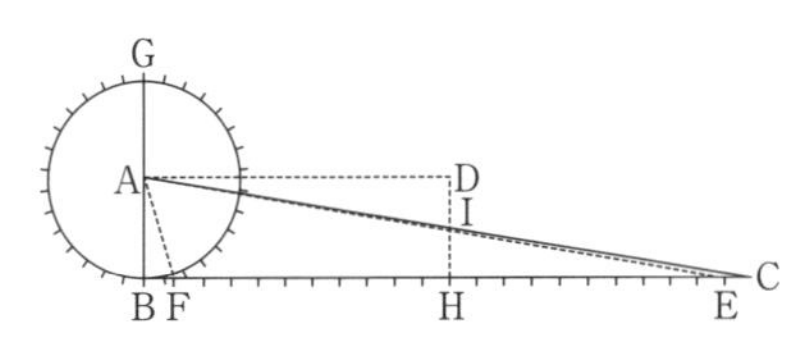

ケプラー『葡萄酒樽の新立体幾何学』

（＊ 7 の続き）　示したのは，弟子のアルフォンソ・アントニオ・デ・サラサ（1618-67）である．このときの底は後に e であることがわかる．すると $x=e$ のとき双曲線 $xy=1$ の面積は 1 となり，これは $r=1$ のときの円（$x^2+y^2=r^2$）の面積が π になることに対応する．

無限個の２等辺三角形全体を直角三角形ABC に変換し，それによって円の面積を求めている．

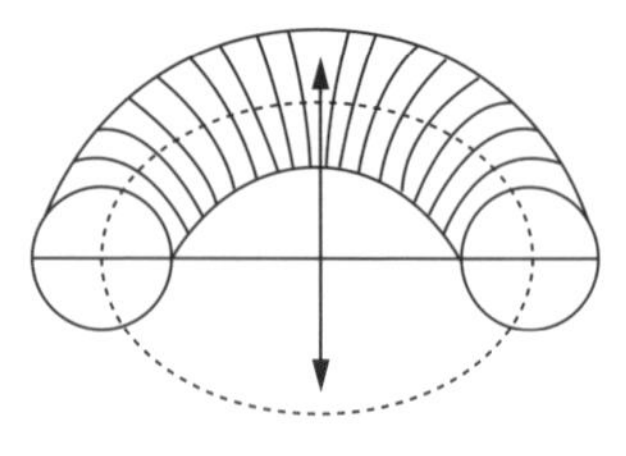
トーラスの体積

同様に球も無限個の円錐から成立するというアルキメデス流の求積法を直感的に大胆に述べている．また彼は円や円錐曲線を軸の周りに回転させ，さまざまな形（それをレモン，オリーブ，プラム，糸巻きと呼ぶ）の立体を作り，その体積を求めている．たとえばトーラスの場合,回転する円の中心が軸の周りを描く大きな円を高さとし，切断面を底辺とする円柱がトーラスの体積となるという．なぜなら無限個の切断面を合わせればトーラスができあがるからである．彼の議論にはまだ十分な記号法も代数的手法もなく，しかも難解で，後に見るフェルマの解析的議論とは格段の差がある．しかし近代積分学の成立に繋がることになったのはケプラーのこの議論の中からであった．

ケプラーは今日「ケプラーの法則」(**12.5** 参照）で名高く,「近代天文学の父」と呼ばれている．しかし彼は，神聖ローマ帝国皇帝ルドルフ２世(1552-1612）お抱えの宮廷数学者であり，占星術のための天文計算に必要であるとして対数についても作品を残しているのである．

次にイタリアの状況を見ておこう．

10.8　不可分者の方法

ガリレオは『新科学論議』(1638）で，以下のようにして作られる立体の体積を論じている．

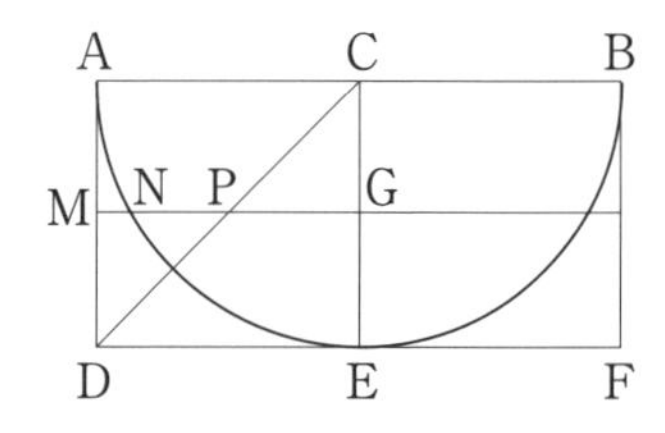

長方形 ADFB があり，その中に AB を直径とする半円が接するように描か

れ，さらにABの中点CからDへ直線が引かれているとする．ここでCEを軸として回転すると，円柱，半球，そして円柱から半球を除いたお椀が得られる．AD上に任意にMを取り，そこから底辺DFに平行に線を引き，それと半円，CD，CEとの交点をN，P，Gとする．すると$MG^2-NG^2=PG^2$となる*8．ここでMNとPGをCGを軸として回転させると，それぞれドーナツ型と円ができるが，それらの面積は等しくなる．2つの立体において，対応する高さで断面が等しければ，それらの体積は等しくなるので，ここから，円錐とお椀の体積が等しいことが結論する．

ガリレオはさらに次の点も指摘する．点MをAに近づけていくとMNは小さくなり，この間もドーナツ型と円の面積は等しいままで，最終的には円錐の頂点CがABを直径とする円周に等しくなってしまう．つまり点が線に等しくなるというのである．

以上のケプラーやガリレオの方法をさらに展開し，一般的原理のもとにまとめあげ，その方法を「不可分者の方法」と呼んだのが，ボローニャ大学数学教授ボナヴェントゥーラ・カヴァリエリ（1598-1647）である．不可分者とはカヴァリエリの著作『不可分者による連続体の幾何学』（1635）に由来する名称である*9．彼はまず，古代の幾何学が特殊な場合しか論じてこなかったことを指摘する．たとえば，錐体では円錐や角錐など底面は決まった形しか議論されてこなかったが，カヴァリエリは底面がどのような形をしていてもよいとし，対象となる図形の普遍性を強調する．次に，移動によって，たとえば不可分者としての線分（1次元）

＊8　CN＝AC＝MGより，$MG^2=NG^2+CG^2$．またCG＝GPより，$MG^2=NG^2+GP^2$．よって$MG^2-NG^2=PG^2$．

＊9　正式名称は『ある新しい方法で推進された不可分者による連続体の幾何学』（1635, 1653）．彼は他にも対数，占星術など数多くの著作を残している．

は平面図形（2 次元）を生み出すことを述べる．そして平面図形が同じ場合は，「すべての曲線」の集まりが，基準のとり方によらずに等しいことを述べる[*10]．すると未知の面積や体積を，既知のそれらと比較することによって求めることができるようになる．

カヴァリエリの方法はガリレオの方法と同じく，立体図形は平面から作られていることを基本とする．そこでは次元が一つ加わったのであるが，その次元はどこから持ち込まれたのかの説明はない．他にも様々な問題点があり，カヴァリエリ自身はそれを認識し，不可分者という言葉の使用には慎重であった．彼は自らの方法をアルキメデスやエウクレイデスにならって厳密に論証数学として成立させようとしているが，その記述はきわめて煩雑であった．しかし古代の方法では解決できなかった多くの図形問題を扱う彼の「新しい方法」には，少なからずの支持者[*11]と，他方で厳密性が問題であるとして反対者を生んだ．

17 世紀中頃には，解析学と不可分者の方法のなかで代数学と幾何学とが補完して用いられるようになった．その際に，厳密な論証に堪えるのはギリシャ的幾何学であるとされていた中で，代数学を先行させたのがボローニャ大学の機械学教授ピエトロ・メンゴリ（1625-86）である．その『記号幾何学原論』（1659）は冒頭で，「アルキメデスの古い形と，我が師ボナヴェントゥーラ・カヴァリエリの不可分者法の新しい形の幾何学の双方や，ヴィエトの代数学は，学識者たちによって満足の与えるものと見なされている．それらの混同や混合を通じてではなく，それらの完

＊10　これがいわゆる「カヴァリエリの定理」である．つまり，「2 つの立体の体積または 2 つの平面図形の面積は，ある一つの平面または直線に平行な，すべての対応する切片の面積または長さが互いに等しいとき，等しい」．この切断面を不可分者という．

＊11　たとえば後にライプニッツは，「ガリレオとカヴァリエリがアルキメデスの極めて複雑な手法を解き明かすことを始めた」と述べている．

全な結合によって新しい形が生まれる」，と述べている．メンゴリは独自の奇妙な表記法を考案し，当時のケンブリッジ大学数学教授アイザック・バロウ（1630-77）に言わせれば，そのスタイルはアラビア語以上に難解であるとのことだが，その表題が示すように，代数記号を用いた作品であり，もっぱら区分求積法で双曲線の面積を求め，それを対数として定義している．

それから約10年後にはニコラウス・メルカトール（1620-87頃），ウィリアム・ブラウンカー（1620-84頃），そしてニュートンがほぼ同じ頃に，今日「メルカトールの級数」として知られている

$$\log(1+t)=t-\frac{t^2}{2}+\frac{t^3}{3}-\frac{t^4}{4}+\cdots$$

をベキ級数展開して見いだしている（$0<t\leqq 1$ なる t で収束）．これはサン・ヴァンサンのグレゴワールやアルフォンス・アントニオ・デ・サラサの双曲線を1だけずらしたものである．このように，対数は双曲線の面積を通じてベキ級数展開に繋がり，微積分学への道を開いていったのである．

対数の利用は，計算の短縮によって確かに天文学者，航海術士，測量術士の労力を半減させたが，それればかりではない．対数は単なる実用的で具体的数値計算の領域から，数学者の記号操作で論じられる解析学の領域へと昇華されていく．

学習課題

(1) 17世紀に対数の原理に基づいて考案されたのが計算尺である．その歴史と原理を調べてみよう．

(2) ネイピアとビュルギの対数を比較してみよう（公比の違いなど）．

(3) ビュルギの対数をBogで示すと，$\mathrm{Bog}\,xy=\mathrm{Bog}\,x+\mathrm{Bog}\,y$，$\mathrm{Bog}\,x^{\alpha}=\alpha\,\mathrm{Bog}\,x$となることを示してみよう．

(4) 本文のNogの定義を用い，$\mathrm{Nog}\,\dfrac{x}{y}$をNogで表してみよう．

参考文献

・フロリアン・カジョリ『初等数学史』（下）（小倉金之助補訳），共立出版，1970.
原著は1896年刊行ではあるが，豊富な図版が用いられている．

・ハイラー，ヴァンナー『解析教程』（上）新装版（蟹江幸博訳），丸善出版，2012.
オリジナル図版が豊富で，わかりやすい記述．

・E.マオール『不思議な数 eの物語』（伊理由美訳），岩波書店，1999.
ネイピアからオイラーまでの対数とeについて丁寧に説明されている．

・志賀浩二『数の大航海』，日本評論社，1999.
日本語で読める唯一の対数の歴史書．

・アミーア・アレクサンダー『無限小』（足立恒雄訳），岩波書店，2015.
無限小をめぐる当時の論争を描く．

11 デカルトの時代の数学

《目標&ポイント》 17世紀科学革命期は数学が大躍進した時代である．とりわけ記号代数の展開と微積分法の成立は，多くの新しい成果を生むことになる．デカルトとそのまわりのフランスやオランダの数学者たちは，記号の適用可能性をいち早く理解し，それにより新しい数学問題を探求していく．ここでは，デカルトに関連する人々による記号法の成立と，それの接線法や求長法への適用を理解し，微積分学の序章を見る．
《キーワード》 科学革命，求長法，デカルト『幾何学』，法線影，接線影

11.1 科学革命

「科学革命」(The Scientific Revolution) とは，17世紀西洋に生じた知的大革命で，近代西洋科学の基本理念がここで成立した歴史上重要な時代である．そこでは地球中心説から太陽中心説への宇宙構造観の変遷（コペルニクス），中世の共生的自然観から機械論的自然観への変遷（デカルト），人間による自然支配という自然観の成立（ベイコン）などにより，科学思想の西洋型理念が成立し，それは今日に至るまで影響を与え続けている．

17世紀以前には数学の中心地はインド，アラビア，中国であったが，この科学革命を境に中心地は一挙に西洋に移る．そしてそれ以降，数学世界はあらゆる点で一変することになる．ところで科学革命は，数学では微積分学の誕生の時代と特徴づけられる．この新しい数学を通じて自然は解析的に考察されるようになり，もはやそれなしには自然は語れな

くなった．ガリレオは言う，「自然は数学の言葉で書かれている」と．しかし微積分学が成立するには，先に述べたアルキメデスやアポロニオスなど古代ギリシャ数学の復興，新しい計算法すなわち対数法の誕生，そしてアラビア伝来の代数学の進展のみならず計算手段としての記号法の改革などが必要であった．

出版年	人　名	著　作
1543	コペルニクス	『天球回転論』（三角法）
1545	カルダーノ	『アルス・マグナ』
1570	ディー	『原論』への序文
1572	ボンベリ	『代数学』
1591	ヴィエト	『解析法序説』
1614	ネイピア	『驚くべき対数規則の叙述』
1637	デカルト	『幾何学』
1638	ガリレオ	『新科学論議』（等加速度運動）
1639	デザルグ	射影幾何学
1655	ウォリス	『無限算術』
1657	ホイヘンス	『賭における計算』
1687	ニュートン	『自然哲学の数学的諸原理』

科学革命期の主要な数学作品

11.2　ヴィエトの数学

フランソワ・ヴィエト（ラテン語名はヴィエタ，1540-1603）は，自ら考案した新しい記号代数学でギリシャの解析法（アナリュシス）を解釈し，方程式研究に新しい道を開いたことにより「代数学の父」と言われている．

彼は『解析法序説』（1591）冒頭で，「数学において真理を探究する方法」として3つの解析について触れている．「探究法（ゼテティカ）」とは，題意から方程式や比例関係を打ち立てる技法，「確認法（ポリスティカ）」とは，定理が正しいことを方程式や比例関係を用いて確かめる技法，そして「表示（レティカ）」（エクセジェティカとも呼ばれる）とは，方程式や比例関係から大きさを具体的に決定する技法である．以上3つが正しく発見する方法で，ヴィエトの言葉によれば，それらによって「いかなる問題も解けない問題はない」(*Nullum non problema solvere*) のである．

彼の記号法を見ておこう．まずスペキエス (species) という概念を提示する．これはギリシャ以来の伝統的数学が数と量とを区別したのに対して，それを統合した概念を指す．それらを表す文字記号によって，幾何学量は算術記号計算の対象に含まれることになる．そこでは未知スペキエスと既知スペキエス (自由変数) とに別の記号表現が与えられ，前者には母音とYとが，後者には子音が割りあてられた．既知量も文字で一般的に表すことができたところにヴィエトの特徴がある．ここまでは大前進であるが，まだ古代を引きずってもいた．式自体が幾何学的に解釈されていたのである．

たとえば，既知数の4乗である C^4 は *C quadrato-quadratum* (あるいは省略して，*C quad-quad.*) と書かれ，*A quad.*$-$*B in A*2, *aequari Z plano* は $A^2-B\times 2A=Z^2$ を意味し*1 (したがって $x^2-2bx=c^2$ という型)，ここではすべての項が同次となるよう「同次法則」が守られていることに注意しよう．このように，まだ今日の記号法ほどには簡単にはいかない．

しかしそれでもそれまでとは異なり，具体的数値計算はもちろんのこと，記号を用いることによってさらに計算自体の方法や方程式の構造，可解性，問題の分類さえもが議論できるようになった．こうして単なる数計算を超えて記号計算法 (これをヴィエトは logistica speciosa と言う) が確立されたのである．彼は記号計算によって方程式に新たな息吹をも

＊1　加減乗除法は，+，−，in，分数記号で表され，指数表記は使われない．等号は動詞「等しい」(aequari) の変化型で記述され，他方長い"═══"は大と小の差を示すのに用いられた．

たらしたが，それでもそこには未だ「同次法則」という制約があり，また負の解も複素数解も考えられてはいなかった．転換期にあっては古い時代の足枷から自由ではなかったのである．

ヴィエトの業績は方程式論だけではない．それよりもむしろ三角法の研究の中にこそ彼の真の貢献の多くが見い出される．三角表を作成し，現代的に言うと $\sin nx$ と $\cos nx$ を $\sin x$ と $\cos x$ で表すなど，三角法を解析的に扱えるようにした．また彼は西洋で初めて円周率を無限乗積展開し，

$$\frac{2}{\pi}=\frac{\sqrt{2}}{2}\cdot\frac{\sqrt{2+\sqrt{2}}}{2}\cdot\frac{\sqrt{2+\sqrt{2+\sqrt{2}}}}{2}\cdots$$

と求めた．この級数は収束が遅いので π の計算法としては役立たないが，「…等々と，一様な方法で無限に観測できる」，と無限操作の可能性を示唆し，ここにギリシャ以来の無限忌避が超えられたことが見て取れる．求積問題はもはや幾何学の問題ではなく，計算問題となったのである．さらに不定方程式論，天文学（ただしプトレマイオス説を支持）などにも貢献している．

ヴィエトは多くの数学上の論争に関わり，アドリアン・ファン・ローメン（1561–1615）とは45次方程式解法で，クラヴィウスとはグレゴリオ

Sit autem diameter 1. *Circulus* 1 N. *Erit* $\frac{1}{2}$ *ad* 1 N, *sicut* $\sqrt{\frac{1}{2}}$ *ad unitatem adplicatam ad id quod fit ex* $\sqrt{\frac{1}{2}+\sqrt{\frac{1}{2}}}$, *in* $\sqrt{\frac{1}{2}+\sqrt{\frac{1}{2}+\sqrt{\frac{1}{2}}}}$, *in* $\sqrt{\frac{1}{2}+\sqrt{\frac{1}{2}+\sqrt{\frac{1}{2}+\sqrt{\frac{1}{2}}}}}$, *in* $\sqrt{\frac{1}{2}+\sqrt{\frac{1}{2}+\sqrt{\frac{1}{2}+\sqrt{\frac{1}{2}+\sqrt{\frac{1}{2}}}}}}$.

ヴィエトの $\frac{2}{\pi}$ の展開表記

『数学的事柄についての様々な解答8巻』（1593）第18章より

暦で，スカリジェ（ラテン語ではスカリゲル，1540–1609）とは円の求積や角の 3 等分問題で論戦し，当時名を馳せた好戦的数学者でもあった．このことはまた彼が多方面の数学に関心を持っていたことを物語る．しかし彼は本来職業的法曹家として政治顧問などを歴任したのであり，数学はいわば余暇の関心事でしかなかったし，また数学研究に費やす時間も，政治紛争から閑職に追いやられた時以外ほとんどなかった．彼の貢献の一つにフランス国王アンリ 4 世に仕える暗号解読者としての仕事がある*2.

ヴィエトの著作は必ずしも読みやすくはない．それは多くの新語が使われ，とりわけ法曹用語からの転用があり，またギリシャ語そのものの引用が多いことなどによる．しかしその影響はイングランドのオートリッド（1575–1660）やハリオット（1560–1621），さらにドイツのライプニッツにも及ぶ．

ヴィエトはルネサンス思潮の影響下で古代ギリシャ数学に関心を持ち，パッポス，ディオファントス，アポロニオス，アルキメデスなどの作品を再解釈しよみがえらせようとした．このことは他方で数学におけるアラビアの痕跡（コスの技法における用語）を排除することにもなった．当時は文芸上のフランス・ルネサンスの時代でもあり，代数学の起源をアラビアではなくギリシャのディオファントスに求めようとする者たちもいた．代数学，幾何学などに関する多くの数学書を残しているプレイヤード派詩人ジャック・ペルティエ（1517–82）もその一人で，その『代数学』（1554）ではディオファントス『算術』が論じられている．ジャン・

＊2　その業績は生前公刊されなかった．ところで暗号研究にかかわった数学者は数多い．後のオックスフォード大学幾何学教授ジョン・ウォリス（1616–1703）もピューリタン革命中に議会側に立ち，暗号解読の力を発揮した．

ボレル（1492-1572：ボテオとも呼ばれる）は『計算術（ロギスティカ）』（1559）で，2次方程式解法は平方完成に帰するので algebra を quadratura（平方化）と呼び換え，そこからアラビア語色を払拭しようとした．こうして西洋人文主義の中にアラビアの「ジャブルの学」が飲み込まれていったのである．

11.3 デカルトの記号数学

ヴィエトの記号法は未だ現代のものからはほど遠いものであったが，その後ヴィエトと同じくポアティエ大学で法学士となったデカルトが，記号法において革新を行うことになる．

彼はヴィエトのいうスペキエスをやめ，量（quantité）と呼び，既知量にはアルファベットの前方（a, b, c），未知量には後方（x, y, z）を用いた．さらにヴィエトに残っていた記号における幾何学的概念を取り払い，平面，立体等の語を廃し，aa, aaa, $aaaa$（あるいは a^2, a^3, a^4）と文字記号を用いた．そして何よりも「同次法則」を破棄し，すべて線分量（1次元）で表記する方法を生み出した．これによって幾何学的ヴェールが取り除かれ，純粋に代数的に操作できるようになり，知的労働の能率を高めることになった．このことは西洋数学史上きわめて重要な革命とも言える事態で，また算術が幾何学から分離独立したということになり，さらに代数学を新しい解析幾何学の高みにもち上げることにもなる．

彼の『幾何学』（1637）冒頭では，$a \times b$, $a \div b$, $\sqrt{a}$ の計算が幾何学的に説明できることが述べられている．$\mathrm{AB}=\mathrm{FG}=1$ とすると，$\mathrm{BE}=\mathrm{BD}\times\mathrm{BC}$, $\mathrm{BC}=\mathrm{BE}\div\mathrm{BD}$, $\mathrm{GI}=\sqrt{\mathrm{GH}}$ となる．

さらにデカルトは方程式の解を線分表示している（∞ はデカルト考案の等号記号）．

図下左は，$z \propto \frac{1}{2}a+\sqrt{\frac{1}{4}aa+bb}$.　($z^2 \propto az+bb$ の解)

図下右は，$z \propto \frac{1}{2}a \pm \sqrt{\frac{1}{4}aa-bb}$ (NL > LM).　($z^2 \propto az-bb$ の解)

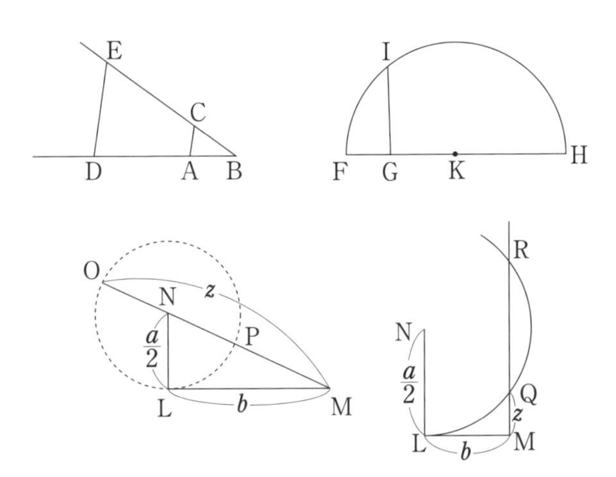

デカルト『幾何学』の演算の図形化

さて『幾何学』はデカルトの主著『方法序説』(1637) への付録であるが，彼は後者でも，そしてさらにそれより前に書かれた『精神指導の規則』(出版は1651年) でも，「方法」の重要性を指摘し，「真理を探求するためには方法が必須である」(第4規則) と述べている．『幾何学』ではその方法が作図法や，曲線，立体の問題に具体的に適用される．そこでは「問題を解こうとする場合，まず，それがすでに解かれたものと見なし」，作図

デカルトの肖像

デカルト『幾何学』1683 より

に必要な線にすべて名前を付けなければならないとされ，作図問題が方程式に還元される．ヴィエトが方程式を同次法則により幾何学的に考えたのに対して，デカルトは幾何学の代数化を目指したのである．こうして幾何学の問題を代数を用いて半ば機械的に解くという，今日の我々の「代数的思考法」が誕生した．

デカルトの『幾何学』は見た目は今日の数学書の風をなしているが，内容上まだ十分には整理されておらず，解析幾何学のテクストというにはほど遠く*3，また容易に理解できるようには書かれていなかった．そのため，その後オランダの数学者フランス・ファン・スホーテン（1615 頃-60）*4は，注釈を付けたラテン語訳を出版し（1649, 59-61, 83, 95），デカルト『幾何学』は初めて広範な読者層を得ることになった．ラテン語版第2版（1659-61）はとくに重要で．そこには，さらにド・ボーヌ（1601-52），そしてファン・スホーテンの弟子であるオランダの数学者たちの最新の研究成果が含ま

ヤン・デ・ウィット	(1625-72)
ヤン・フッデ	(1628-1704)
クリスティアン・ホイヘンス	(1629-95)
ヘンドリク・ファン・ヘーラート	(1634-60?)
ペーター・ハルツィンク*5	(1637-80)

ファン・スホーテンの弟子達

＊3　たとえば，今日「デカルト座標」という言葉があるが，デカルトにおいては座標軸はまだ直交していないし，負の座標は考えられていない．縦線は ordinata（秩序立った）と呼ばれ，これが規準となる．横線は縦線によって切られているため abscissa（切断）と呼ばれた．**2.8** を参照．

＊4　同姓同名の父親（1581-1646）も数学者．子のスホーテンは 1646 年に父からライデン大学教授職を受け継いだ．

＊5　平戸生まれの「数学に秀でた…日本人ハルツィンギウス」と言及されている日系オランダ人．

れ*6，当時の標準的数学テクストとして広範に影響を与えた．後にニュートンやライプニッツが精読したのはこの第2版なのである．

11.4　接線と極値

17世紀中期前後には接線と極値問題に大いなる進展が見られた．それは記号法を用いた代数計算が進展し，また運動する点の軌跡として曲線が考えられるようになったところが大きい．接線を求める方法には，ロベルヴァル（1602-75）の運動学的方法，フェルマの無限小解析的方法，そしてデカルトの法線影の方法，フッデの代数的方法の4つがあり，以下では後3者について見ていこう．ここではその内実を概観するため，非歴史的になるが，関数記号や導関数記号を導入して説明する．ここでは従来未知数であったxが変数に様変わりしていることに注意しておこう．

(1)　フェルマの無限小解析的方法

フェルマは数々のメモ（1629年頃から1638年にかけて）で極値決定を解析的に明らかにし，それを接線決定に応用している．

$y=f(x)$が$x=\alpha$で極値をとるとき，そのあたりの$f(x)$の変化は小さいので，接線影をEC$=t$とすると$\dfrac{\mathrm{FI}}{\mathrm{BC}}\cong\dfrac{\mathrm{EI}}{\mathrm{EC}}$.

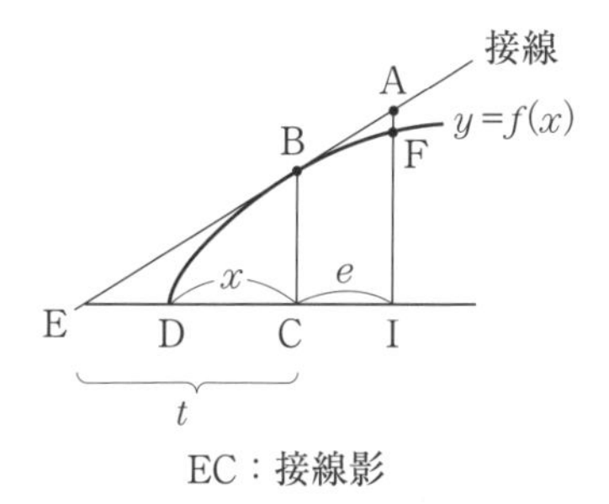

EC：接線影

フェルマの無限小解析

＊6　ヤン・デ・ウィットによる『曲線原論』（書かれたのは1650年以前）の第2部は，デカルトの方法を用いた解析幾何学の最初の体系的テクストとなった．

eを小さな量とすると，これは

$$\frac{f(x+e)}{f(x)} \cong \frac{t+e}{t}$$

とまとめることが出来る．ここからeを消去してtと$x(=\alpha)$の関係を求める．ここでフェルマは，「等しい」(aequare) と「向く」(ad) から作られた「向等する」(adaequare) という単語を新しく用いている．

たとえば，$f(x)=x^2$，$x=\alpha$のとき，

$$\frac{(\alpha+e)^2}{\alpha^2} \cong \frac{t+e}{t} \text{ より，} \alpha^2 e \cong (2\alpha t+te)e.$$

まずeで割り，$\alpha^2 \cong 2\alpha t+te$となる．$e$は小さい量なので，$e$を含む項を無視して，$t=\dfrac{\alpha}{2}$．こうして$x=\alpha$における接線影は$\dfrac{\alpha}{2}$となる．ここで$e$は，0ではないのでそれで割ることができるが，他方で小さな量なので0とみなし無視することができる，という2重の意味をもつ曖昧な数である．しかし，だからこそ以上のように簡単に計算することが出来たのである．

(2) デカルトの法線影

デカルトは『幾何学』第2巻で法線影を求めた（そこから接線を計算することができる)．$y=f(x)$上の与えられた点で接する円の半径は法線となるということ，そこでは円と$y=f(x)$の交点は1つになるということから，重解条件で考える．

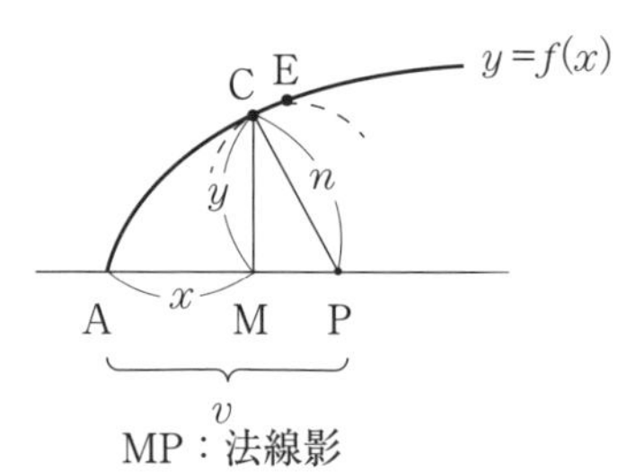

デカルトの法線影

まず問題が解かれたと仮定する．Pを円の中心とし，その円が仮に曲線と

C, Eで交わるとすると，$\{f(x)\}^2+(v-x)^2=n^2$であり，よって$\{f(x)\}^2+(v-x)^2-n^2=0$. ここでEがCに近づけば，重解x_0を持つので，$\{f(x)\}^2+(v-x)^2-n^2=(x-x_0)^2g(x)$と書ける．そしてこの$x$の式の両辺を係数比較して$v$を求める．

たとえば$f(x)=x^2$のとき，次数を一致させるため，$g(x)$はx^2+ax+bとおけるので，$x^4+(v-x)^2-n^2=(x-x_0)^2(x^2+ax+b)$. 係数を比較して，$v=2x_0{}^3+x_0$が得られる．すると法線の傾きは，

$$\frac{-f(x_0)}{v-x_0}=\frac{-x_0{}^2}{2x_0{}^3}=\frac{-1}{2x_0}.$$

こうして法線と接線の関係から，接線の傾きは$2x_0$となる．このデカルトの議論は運動概念や極限移行を用いることなく，きわめて代数的であり，デカルトはこの方法を「最も有益で最も一般的」と自慢している．しかしのちに彼は，フェルマとの論争の中で，動的に接線を見出す方法に到達（1638）することになる．

(3)　フッデの法則

フッデはデカルト『幾何学』第2版に付けられた論文「極大極小について」で，重解決定法を用いて極値決定に至る．フッデの法則は，$f(x)=\sum_{i=0}^{n}a_ix^i=0$が$x=\alpha$で重解を持つなら，$g(x)=\sum_{i=0}^{n}(a+ib)a_ix^i=0$もまた解$\alpha$を持つというもので，代数的である（$a$, bは任意で，$a+ib$は任意の等差数列を示す）．後半は現代的に解釈するなら，$g(x)=af(x)+bxf'(x)$となり，したがって，$f(x)=0$が$x=\alpha$で重解を持つなら，$f'(x)=0$も$x=\alpha$なる解を持つ，ということを含意する．ここでは今日導関数と呼ばれる式が，形式上ではあるが現れていることに注意したい．

たとえば，$f(x)=x^2$ のとき，上の式 $x^4+v^2-2vx+x^2-n^2$ を利用し，そのとき v と x_0 の関係を見出そう．仮に $a=0$，$b=1$ としてフッデの法則を用いると，$4x^4+2x^2-2vx=0$ となる．これは $4x^3+2x-2v=0$ で，その解が x_0 であるので，代入すると，先のデカルトの場合と同様に $v=2x_0{}^3+x_0$ が得られる．

こうしてフッデは接線を求める簡便な算法を与えた．微積分学の計算のいくつかは，ニュートンやライプニッツに先行してすでに時代の数学者たちがさかんに議論していたのである．

11.5 求長法の展開

曲線は直線で測られることはできないと考えられていたから，その長さを求めるという求長法は古代ギリシャも含めてあまり関心が払われてこなかった．話題になり始めたのは17世紀になってからである．すでにロベルヴァルは1640年以前にサイクロイド（回転する円の周上の定点が描く軌跡）の求長に成功していたとされるが，その詳細は不明である．1645年になるとトリチェリ（1608-47）が対数スパイラル（極方程式 $r=ke^{a\theta}$ で与えられる曲線）の求長に成功した．その後も少なからずの数学者が試みるが，簡単でしかも一般的方法を見いだしたのがファン・ヘーラートであり，これは発見1年後のデカルト『幾何学』第2版（1659）で初めて公にされた（彼のもう一つの発見はコンコイドの変曲点の作図）．

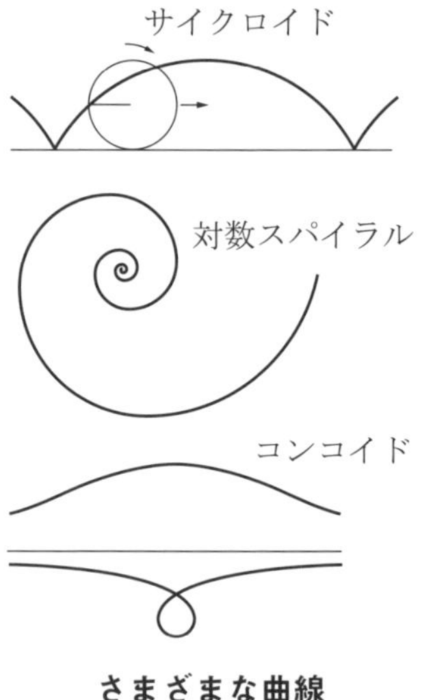

さまざまな曲線

曲線AE上に任意の点Cをとり，SDをCにおける接線とする．Cから軸AFに向けて法線CQを引くと，MC：CQ＝SX：SD．ここで任意の長さΣに対して，MC：CQ＝Σ：MIとなるように曲線GILを作る．するとSX：SD＝Σ：MIより，SD·Σ＝SX·MI．微小部分の接線SDは曲線に等しいとし，またこの微小部分の操作を全体の至るところで行うと，（曲線AEの長さ）・Σ＝曲線図形AGLFAとなる．すなわち求長，接線，求積という歴史的に独立して発展してきた概念が，実は互いに密接に関係していることがわかる[*7]．

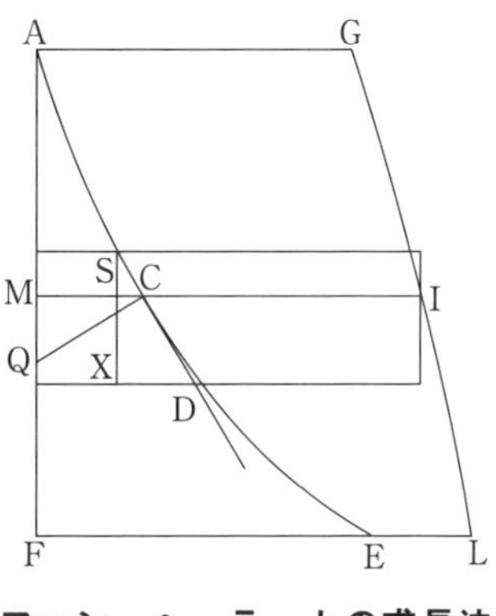

ファン・ヘーラートの求長法

たとえば，$y^2=x^3$のとき，CQ＝n，AM＝x，MC＝$f(x)$，AQ＝vとし，デカルトの法線決定法を適用する．$\{f(x)\}^2+(v-x)^2-n^2$より，$x^3+x^2-2vx+v^2-n^2=0$．ここでフッデの法則を用いて，$3x^2+2x-2v=0$．ここから$v-x=\dfrac{3}{2}x^2$となり，

$$n^2=\{f(x)\}^2+(v-x)^2=x^3+\left(\frac{3}{2}x^2\right)^2=x^3+\frac{9}{4}x^4.$$

よって

$$n=\sqrt{\frac{9}{4}x^4+x^3}.$$

＊7　SD＝ds，SX＝dxとすると，$ds\cdot\Sigma=dx\cdot$MIとできるので，（AEの長さ）・Σ＝(GILと軸との間の面積）．またMI＝$\Sigma\cdot\dfrac{ds}{dx}=\Sigma\cdot\sqrt{1+\left(\dfrac{dy}{dx}\right)^2}$より，$\int_a^b \mathrm{MI}dx=\Sigma\int_a^b\sqrt{1+\left(\dfrac{dy}{dx}\right)^2}dx$．ただし$a$，$b$はA，Eの$x$座標とする．この式は求長の式となる．

ここで $\Sigma=\frac{1}{3}$ とすると，

$$\mathrm{MI}=\frac{1}{3}\frac{\mathrm{CQ}}{\mathrm{MC}}=\frac{1}{3}\sqrt{\frac{9}{4}x+1}=\sqrt{\frac{1}{4}x+\frac{1}{9}}.$$

これは $z^2=\frac{1}{4}x+\frac{1}{9}$ なる放物線なので，$y^2=x^3$ の $x=0$ から $x=a$ までの長さは，この放物線の面積を Σ で割った値となる．つまり

$$\sqrt{\left(a+\frac{4}{9}\right)^3}-\frac{8}{27}.$$

前に述べたように，ヴィエトは余暇を利用して数学をいわば趣味として研究した．当時のフランスの他の著名な数学者，フェルマ，デカルト，パスカルも同じである．つまりこの頃数学に偉大な貢献をしたのは，大学の数学教授というよりはむしろ在野の人々であった．

スペインによる弾圧とプロテスタント迫害に対してオランダは立ち上がり，1568 年に独立戦争が勃発した．この時代に生きたオランダの数学者には少なからず政治にかかわった者もおり，ヤン・フッデはアムステルダム市長，ヤン・デ・ウィットはさらにオランダ共和国首相までなった[*8]．したがって彼らには数学研究に充てる時間が限られており，のちにホイヘンスはヤン・デ・ウィットについて，「数学者がこれほど豊かな時代はなく，もし政務で悩まされることがなかったら，中でもこの人物は筆頭に位置したかもしれない」，と評している．だがデ・ウィットは政敵に暗殺されてしまう．政治的激動の時代ではあるが，この時代多才な数学者たちが登場し，微積分学誕生の準備が刻々と進められていくのである．

＊8　後のフランス革命のときもモンジェ，カルノー，フーリエなど数学者が政治家になった．

学習課題

(1)　フェルマの方法を用いて，$f(x)=\sqrt{x}$ の $x=a$ における接線影を求めてみよう．

(2)　デカルトの方法を用いて，$f(x)=x^{\frac{3}{2}}$ の $x=x_0$ における法線影を求めてみよう．

(3)　ヘーラートの求長法を用いて，$y^2=x^3$ の $x=0$ から $x=a$ までの曲線の長さを求めてみよう（本文 **11.6** の説明を完成しよう）．

(4)　オマル・ハイヤームとデカルトの数学の類似点と相違点を考えてみよう．

参考文献

・中村幸四郎『数学史』，共立出版，1981.
　　記号法の歴史に関する章がもうけられている．
・佐々木力『デカルトの数学思想』，東京大学出版会，2003.
　　デカルトの数学思想の起源と展開が論じられているが，上級向き．
・高瀬正仁『微積分学の誕生』，SB クリエイティブ，2015.
　　デカルトからオイラーまでの微積分学の流れを豊富な事例で説明．
・デカルト『幾何学』（原亨吉訳），ちくま学芸文庫，2013.
・デカルト『数学・自然学論集』（山田弘明他訳），法政大学出版会，2018.

12 ニュートン

《目標&ポイント》 17世紀は微積分学を生んだ数学史上重要な時代である．なかでもニュートンは「流率法」という独自の微積分学を創設し，その影響は計り知れない．ここでは流率法に関する最も重要なノート「級数と流率の方法について」と，主著『プリンキピア』の数学史上の位置づけを確認すると同時に，初期の業績のいくつかを理解する．
《キーワード》 一般2項式展開，ドット記号，流率法，流率・流量，『プリンキピア』，ルーカス教授職，「ケプラーの法則」

12.1 青年ニュートン

ニュートンはガリレオ（1564-1642）が亡くなったおおよそ1年後の1642年に，東イングランドのウールスソープの農家に生まれた[*1]．1661年初夏にはケンブリッジ大学トリニティ学寮（カレッジ）に準免費生（一般学生の下僕の仕事をする貧しい学生）として入学する．1664年から1666年まではニュートン研究者によって「驚異の年[*2]」と呼ばれているが，それはこの時期に，ニュートンが集中的に質，量ともに驚くべき生産的仕事をし

＊1　当時大陸はグレゴリオ暦，イングランドはユリウス暦を採用し，おおよそ10日のずれがあった．ガリレオが亡くなったのはグレゴリオ暦では1642年1月8日，ニュートンが生まれたのはグレゴリオ暦では1643年1月4日（当時使用されていたユリウス暦では1642年12月25日）．

＊2　詩人ドライデンが，イングランドのオランダに対する勝利，ロンドン大火からの復興の年として1665-66年を「驚異の年」と呼んだことに因む．

たからである．1665年にイングランドをペストが襲い大学が閉鎖されたとき，ニュートンは郷里に疎開したが，その頃に万有引力のアイデアを得たという．

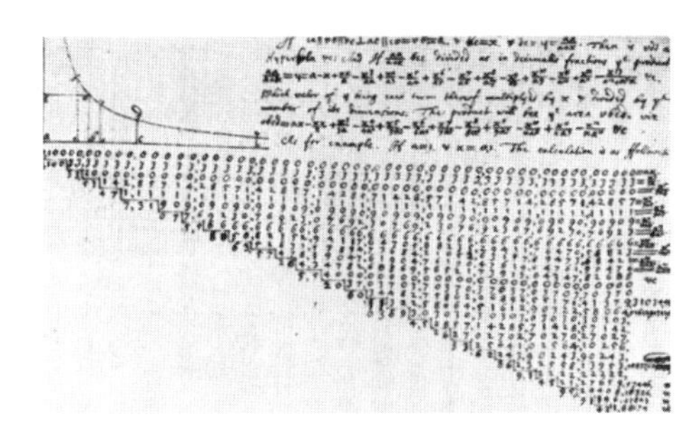

ニュートンの対数計算
学生時代（1665年頃）のノートに見る55桁までの計算

ニュートンは若い頃，スホーテン『数学問題集5書』，ヴィエトの著作，オートリッド『数学の鍵』，ウォリス『無限算術』，そしてデカルト『幾何学』（第2版）などを熱心に研究し，解析幾何学と無限小算術の核心を学び取る．初期のノートには多くのしかも桁の大きい数字を用いた計算が散見される．

ニュートンの初期の貢献の一つに，1664-65年頃発見した一般2項式展開の公式があり，それは次のように定式化できる．

$$(P+PQ)^{\frac{m}{n}}=P^{\frac{m}{n}}+\frac{m}{n}\cdot AQ+\frac{m-n}{2n}\cdot BQ+\frac{m-2n}{3n}\cdot CQ+\cdots.$$

Aは初項つまり$P^{\frac{m}{n}}$，Bは第2項，等々である．ここで$\dfrac{m}{n}$は整数はもちろん，分数でも負の数でもよく，当時としてはきわめて大胆な公式であった．しかしこれが公表されたのは約10年後の1676年で，しかも書簡の中であった．成果を得ても公表するのはかなり時がたってからというニュートンの習慣は，この時代にすでに始まっていた．このような発見と公表との時間的ギャップによって，ニュートンはその後多くの優先権問題に巻き込まれることになる．

12.2 大学教授ニュートン

ケンブリッジ大学のルーカス教授職[*3]に就いていたアイザック・バロウ（1630-77）が数学から神学の教授に移籍するので，1669年その後任としてニュートンは第2代の地位に就いた．ルーカス教授職に就いた学者達はその後も数理科学で活躍することになる．

代	在位	教授名
1	1664-69	バロウ
2	1669-1702	ニュートン
3	1702-10	ホイストン
4	1711-39	サーンダースン
5	1739-60	コウルスン
11	1828-39	バベジ
15	1932-69	ディラック
17	1980-2009	ホーキング
19	2015-	ケイツ

主なルーカス教授職教授

ニュートンは数学の講義を担当したが（しかし受講者がいないこともあったと言われている），おそらくそのときの11年分の講義録の一部といわれているのが『普遍算術』で，それはルーカス教授職後任のホイストンの手で1707年に刊行され[*4]，19世紀初頭までに11回も印刷された（1722年の第2版が，ニュートンの著作中もっともよく読まれた作品といわれている）．そこではデカルト『幾何学』に着想を得て方程式論が論じられているが，新しく述べられていることは，

・代数方程式の解のベキ和に関する公式（ニュートンの公式）

＊3　1663年に設立された数学と自然哲学担当の冠講座で，今日まで続く権威あるポスト．

＊4　ニュートンは出版に躊躇し，匿名で出版された．講義録は他にも「光学」「物体の運動について」「世界体系について」があり，後者2つは『プリンキピア』のプロトタイプとなった．

・方程式の係数によって，正負解やさらに虚数解の個数の上限を決定すること（デカルトの「符号の規則」の拡張）*5

である．デカルトは幾何学を方程式に変換して解析的に述べたが，そのような方法をとると幾何学の優美さが失われてしまうとニュートンは考え，幾何学に結びつけることはできるだけ避けて方程式を論じた．

講義で与えられた例題には，次の算術問題のようにかなり具体的な問題も少なからずある．

・「ある人が何人かの乞食にいくらかのお金を分配しようと思い，各自に3ペンスずつ与えたら8ペンス不足した．そこで2ペンスずつ与えたら3ペンス余った．乞食の数を求めよ」（問題4）．
・「混合物とその素材の比重が与えられているとき，素材の配分比を求めよ」（問題10）．
・「もしa頭の牛が時間cでb個の草地を食べ尽し，d頭の牛が時間fでe個の牧草を同様に食べ尽し，牧草は一様に育つとすると，何頭の牛が時間hで牧草g個を食べ尽すかを見いだすこと」（問題11）*6．

＊5　方程式において，符号の変化の回数だけ正の解が存在し，変化しない回数だけ負の解が存在する．たとえば$x^4-x^3-19x^2+49x-30=0$の場合，＋－－＋－なので符号は3回変化し，1回変化しないので，この方程式は3つの正の解と1つの負の解を持つ．以上はすでにデカルトが述べている．ここで問題は解が複素数となる場合である．ニュートンは，$x^3-4x^2+7x-6=0$において＋－＋－で符号は3回変化するので，不可能解（impossibile，虚数解を指す）が3個と言う．しかしニュートンは証明を提示せず，後継者たちに混乱をもたらした．これが証明されたのはようやく1865年のシルヴェスター（1814-97）によってである．

＊6　ただしこの問題だけは難問で，日本では「ニュートン算」として知られている．解は$\dfrac{gbdfh-ecagh-bdcgf+ecfga}{befh-bceh}$．

以上から当時の大学数学の程度がよくわかる．17 世紀においても，英国の大学では主としてこうした具体的問題が教えられていたのである．実際ニュートンは 1690 年頃ケンブリッジ大学教育カリキュラム改革を提言し，教師はまずは「容易で有用な実際的ことがら」を，次いでエウクレイデス，球面三角法，天文学，光学，音楽理論，代数学，年代学，地理学，地図作成法などを講ずべしとした．今まさに誕生しつつある微積分学が教えられていたわけでは決してないのである．

12.3　流率法

1664 年ニュートンは，デカルトにならって無限小の増分 o（フェルマの e に対応）を用いて法線影を求めている．1666 年 10 月には運動による流率法の初期のアイデアを綴っているが，この流率に関する「1666 年 10 月論文」と言われるものは未発表である．そこでは運動によって問題を解くための命題とその適用が綴られ，微積分学の基本定理が垣間見られ，新しい数学すなわち微積分学の誕生を告げるものとなった．しかし数学にあまりにも集中しすぎたせいか，この後の 2 年間その研究は中断している．

1669 年 7 月ニュートンは，論文「無限個の項を持つ方程式による解析について」（「解析について」と略す）をバロウに送ったが，これはようやく 1711 年ジョーンズによって出版される．そこには，積分公式，項別積分の可能性の指摘，一般関数のベキ級数展開，陰関数が与えられたときの y の x によるベキ級数表示，$z=\Sigma a_n x^n$ が与えられたときのその逆関数 $x=\Sigma b_n z^n$ の導出，いわゆるニュートンの逐次近似法，三角関数のベキ級数展開など，盛りだくさんの内容が含まれている．

いま逆関数の求め方を見ておこう．

$$y=x-x^2+x^3-x^4+\cdots$$

の逆関数を求めるには，$x=y+p$ を代入する．

$$(-y^2+y^3-y^4+\cdots)+(1-2y+3y^2-\cdots)p$$
$$+(-1+3y-6y^2+\cdots)p^2+\cdots=0 \quad \cdots \quad (1)$$

次に p についての2次以上の項を切り捨てる．そして

$$p=\frac{y^2-y^3+y^4-\cdots}{1-2y+3y^2-\cdots}$$

を求め，さらに分母分子の最低次の項以外を切り捨てる．すると $p=y^2$ となる．この段階で $x=y+y^2$ と近似される．

次に $p=y^2+q$ とおき，(1)に代入し，同様に q^2 以上の項を切り捨て q を出し，分母分子の最低次の項以外を切り捨て $q=y^3$ を得る．こうして $x=y+y^2+y^3$ と近似される．これを無限に続けていくと

$$x=y+y^2+y^3+y^4+\cdots$$

を得る．

確かに原式は公比 $-x$ の等比級数であるから，その和は $y=\dfrac{x}{1+x}$ であるので，$x=\dfrac{y}{1-y}$ となり，他方これは $x=y+y^2+y^3+y^4+\cdots$ の和になる．

さて以上の2論文「1666年10月同論文」と「解析について」に証明は少なく，きわめて理解が困難であったので，1670-71年には以上を総合した，「級数と流率の方法について」(「方法について」と略す) というきわめて重要なラテン語論文を未完成ながら書いている．これはニュートンの弟子コウルスンによって英訳され，解説が付けられ出版されたが，それはずっと後の1736年のことであった．「方法について」ではベキ級数展開と流率が包括的に論じられ，ここで初めて流量 (fluens) と流率 (fluxio) という語が登場する．ニュートンによる微積分法をとくに「流率法」というが，その基本が現れたのである．ニュートンは流量をアル

ファベット最後の文字 v, x, y, z で，それらの流率を l, m, n, r で表しているが，後者はのちの 1691 年に「ドット記号」$\dot{v}$, $\dot{x}$, $\dot{y}$, $\dot{z}$ にかわることになる．

点，線，面の連続運動によって線，面，立体が生じるが，そのときの幾何学的な量を考える．時間にしたがって変化する量を流量，流量の時間に対する変化，つまり流れる割合を流率という．現代的に述べるなら，流量 x に対し，流率は $\dfrac{dx}{dt}$ である．計算上は，独立変数としての無限小時間に流量が動く無限小部分を「モメント」と定義して，$\dot{x}o$ で表す[*7]．

現代的に述べるなら，ニュートンは，$f(x,y)=0$ が与えられたとき，$f(x+\dot{x}o,\ y+\dot{y}o)=0$ を計算し，そこに $f(x,y)=0$ を代入し，o で割り，さらに o をゼロに等しいとして無視する．たとえば，$x^3-ax^2+axy-y^3=0$ の場合，x, y に $x+\dot{x}o$, $y+\dot{y}o$ を代入し，計算して $3\dot{x}x^2-2a\dot{x}x+a\dot{x}y-3\dot{y}y^2+a\dot{y}x=0$ を得る．そしてここから $\dfrac{\dot{y}}{\dot{x}}=\dfrac{3x^2-2ax+ay}{3y^2-ax}$ を求めている．ニュートンはこの方法を用いて接線，極大極小問題，曲率などの研究を進めている．

以上は「方法について」からとった例であるが，次にその論文をさらに詳しく見ていこう．

12. 4 「方法について」

この作品は，12 の一般問題と，それらに関する豊富な事例で議論が進んでいく．

問題 1 は，流量間の関係が与えられたとき流率間の関係を求めるもの

＊7　o は dt に，モメントは dx に対応することになる．

で，現代的に述べると，与えられた関係から微分方程式を作ることである．

その方法は，まず式を x の降ベキの順に並べ，各項に順に算術数列となる数3, 2, 1を掛け，次にそれを $\frac{\dot{x}}{x}$ で掛ける．つまり $\frac{3\dot{x}}{x}$，$\frac{2\dot{x}}{x}$，$\frac{\dot{x}}{x}$ を掛けるのである．続けて同じようなことを y で行い，双方を加える．

たとえば $x^3-ax^2+axy-y^3=0$ の場合，下記のようにして，上段の左右に降ベキの順に x，y の項を並べる．そして中段に乗数を置き，下段にそれぞれの積を書く．すると，$3\dot{x}x^2-2\dot{x}ax+\dot{x}ay-3\dot{y}y^2+a\dot{y}x=0$ が得られる．

与式	$x^3-ax^2+axy-y^3$	$-y^3+axy$ $\quad -ax^2$ $\quad +x^3$
掛ける	$\frac{3\dot{x}}{x}$. $\frac{2\dot{x}}{x}$. $\frac{\dot{x}}{x}$. 0.	$\frac{3\dot{y}}{y}$. $\frac{\dot{y}}{y}$. 0.
答	$3\dot{x}x^2-2\dot{x}ax+\dot{x}ay$	$-3\dot{y}y^2+a\dot{y}x$

問題2は問題1の逆で，流率を含む方程式が与えられたとき，流量間の関係を見出すもので，その方法は逆の手順をとればよい．下記のように，掛けるのではなくここでは割ることになる．上段左右で $\dot{x}$，$\dot{y}$ の項を分け，中段には x，y の次数に応じて除数を置き，一番下にその商を書く．するとこれが求める式である．

その後 x，y，$\dot{x}$，$\dot{y}$ を含む式は，現代表記すると $\frac{\dot{y}}{\dot{x}}=f(x, y)$ と書かれ，さらに無限級数展開される．すなわち $\frac{\dot{y}}{\dot{x}}$ は x，y のべき級数展開で表記でき，y が求められる．

与式	$3\dot{x}x^2-2\dot{x}ax+\dot{x}ay$	$-3\dot{y}y^2+a\dot{y}x$
割る	$\frac{3\dot{x}}{x}.\ \ \frac{2\dot{x}}{x}.\ \ \frac{\dot{x}}{x}.$	$\frac{3\dot{y}}{y}.\ \ \frac{\dot{y}}{y}.$
答	x^3-ax^2+axy	$-y^3+axy$

そのとき，⑴二つの流率とそれらのうちの一つの流量が与えられている，⑵二つの流量とそれらの流率が与えられている，⑶二つ以上の流率が与えられている，の三つに場合分けがされる．ここでは⑴と⑵を見ておこう．

⑴の場合，$\left(\frac{\dot{y}}{\dot{x}}\right)^2=\frac{\dot{y}}{\dot{x}}+x^2$を例にとろう．

これを解いて

$$\frac{\dot{y}}{\dot{x}}=\frac{1}{2}\pm\sqrt{\frac{1}{4}+x^2}.$$

後半を級数展開して

$$\sqrt{\frac{1}{4}+x^2}=\frac{1}{2}+x^2-x^4+2x^6-5x^8+14x^{10}\cdots.$$

よって，±であったから

$$\frac{\dot{y}}{\dot{x}}=1+x^2-x^4+2x^6-5x^8\cdots,\quad -x^2+x^4-2x^6+5x^8\cdots.$$

こうして，次のようにyが求められる．

$$y=x+\frac{1}{3}x^3-\frac{1}{5}x^5+\frac{2}{7}x^7-\frac{5}{9}x^9\cdots$$

$$y=-\frac{1}{3}x^3+\frac{1}{5}x^5-\frac{2}{7}x^7+\frac{5}{9}x^9\cdots.$$

⑵の場合，$\frac{\dot{y}}{\dot{x}}=1-3x+y+xx+xy$を例にとろう．これをニュートン

一段		$+1-3x+xx$
二段	$+y$	$*\quad +x-xx\quad +\frac{1}{3}x^3-\frac{1}{6}x^4+\frac{1}{30}x^5+\cdots$
三段	$+xy$	$*\quad *\quad +xx\quad -x^3\quad +\frac{1}{3}x^4-\frac{1}{6}x^5\quad +\frac{1}{30}x^6+\cdots$
四段	和	$1-2x+xx\quad -\frac{2}{3}x^3+\frac{1}{6}x^4-\frac{4}{30}x^5+\cdots$
五段	$y=$	$x-xx+\frac{1}{3}x^3-\frac{1}{6}x^4+\frac{1}{30}x^5-\frac{1}{45}x^6+\cdots$

は規則として一般的手順を述べたあと，具体例を図表を用いて計算している．

まず x を含む項のみに注目し，昇べキの順に横に並べ $(+1-3x+xx)$，残り $(+y+xy)$ は左に縦に並べる．一段の式の初項1を x で積分し，$y=x$ を得て，これを五段に書く．この x の値を左の $+y+xy$ の y に代入し，x，xx を得るが，これを一段とベキが同じ列になるよう第二，三段に書く．ここでさらに縦列に注目すると，2列目の一，二段は $-3x+x=-2x$ なので，これを積分して $y=-x^2$ を得る．これをまた五段の式に加え，$y=x-xx$ とする．この値 $(-x^2)$ を左縦列の $+y+xy$ の y に代入し，$-xx-x^3$ を得る．これをまた一段とベキが同じ列になるよう第二，三段に書く．すると同様に第3列の一，二，三段の和は，$xx-xx+xx=xx$．同様にこれを積分し $\frac{1}{3}x^3$ を五段に加える．以下無限に続く．こうして五段は $y=x-xx+\frac{1}{3}x^3-\frac{1}{6}x^4+\frac{1}{30}x^5-\frac{1}{45}x^6+\cdots$ となる．

問題9には多くの求積の例が与えられ，末尾には長い求積表が付けられている．

ここに見るニュートンの発想と計算力には驚かされるばかりである．

しかしニュートンの記述は覚え書き風で体系的ではなく，また用いられている方法は問題のパターン毎に解法が異なり，そこに一般的手順が確立していたとは言いがたいのも事実である．すなわち，あらゆる問題に適用可能な完成された作品とまではいかなかったのである．

66. *The first Table, of some Curvilinear Areas related to Rectilinear Figures, constructed by Prob. 7.*

Order of Curves.		Values of their Areas.
I.	$dz^{n-1}=y$	$\frac{d}{n}z^{n}=t.$
II.	$\frac{dz^{n-1}}{ee+2efz^{n}+ffz^{2n}}=y$	$\frac{dz^{n}}{ne^{2}+nefz^{n}}=t$, or $\frac{-d}{nef+nffz^{n}}=t.$
III. 1	$dz^{n-1}\sqrt{e+fz^{n}}=y$	$\frac{2d}{3nf}R^{3}=t.$
2	$dz^{2n-1}\sqrt{e+fz^{n}}=y$	$\frac{-4e+6fz^{n}}{15nff}dR^{3}=t.$
3	$dz^{3n-1}\sqrt{e+fz^{n}}=y$	$\frac{16ee-24efz^{n}+30ffz^{2n}}{105nf^{3}}dR^{3}=t.$
4	$dz^{4n-1}\sqrt{e+fz^{n}}=y$	$\frac{-96e^{3}+144e^{2}fz^{n}-180ef^{2}z^{2n}+210f^{3}z^{3n}}{945nf^{4}}dR^{3}=t.$
IV. 1	$\frac{dz^{n-1}}{\sqrt{e+fz^{n}}}=y$	$\frac{2d}{nf}R=t.$
2	$\frac{dz^{2n-1}}{\sqrt{e+fz^{n}}}=y$	$\frac{-4e+2fz^{n}}{3nff}dR=t.$
3	$\frac{dz^{3n-1}}{\sqrt{e+fz^{n}}}=y$	$\frac{16e^{2}-8efz^{n}+6ffz^{2n}}{15nf^{3}}dR=t.$
4	$\frac{dz^{4n-1}}{\sqrt{e+fz^{n}}}=y$	$\frac{-96e^{3}+48e^{2}fz^{n}-36ef^{2}z^{2n}+30f^{3}z^{3n}}{105nf^{4}}dR=t.$

The Method of FLUXIONS,

「方法について」の10種の求積表

II－IVは $y=dz^{n-1}(e+fz^{n})^{\lambda}$ の型

12.5 『プリンキピア』

ニュートンの主著は，いうまでもなく『自然哲学の数学的諸原理(プリンキピア)』(『プリンキピア』と呼ばれている）に他ならない．これはエドマンド・ハリー（1656-1742）の薦めと出版費用負担とで1687年に刊行されたが，初版は400部にも満たず，しかもすぐに絶版になってしまった．とはいうものの，「科学革命」の総括となる科学史上もっとも重要な作品の一つであることに変わりない．『プリンキピア』は物体の運動法則や万有引力などを扱っているが，ここでは数学史上興味深い，惑星運動に関する法則の数学的証明を取り上げよう．

天文学者ケプラーが帰納的に発見したその成果は，後に「ケプラーの法則」という名前で知られるようになったが，それは『プリンキピア』第1篇第3章までに登場する．

第1法則：惑星の軌道は楕円
第2法則：面積速度一定の法則
第3法則：惑星の公転周期は軌道の長径の $\frac{3}{2}$ 乗に比例

ケプラーの法則

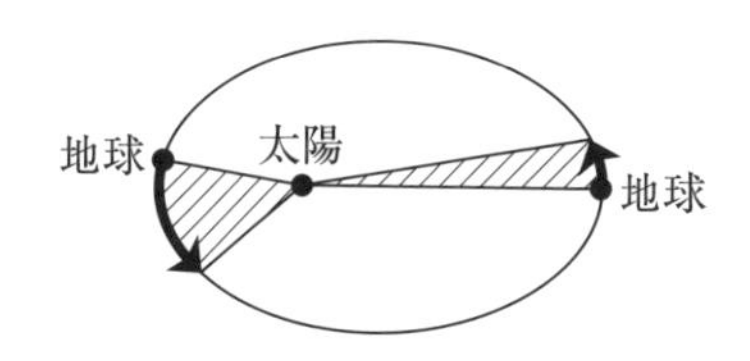

ケプラーの第1，第2法則

地球が両矢印を移動する所要時間が等しいとき，斜線部の面積は等しい

第2章命題1は，回転する物体において，力が向心力であるなら，面積速度（物体と力の中心を結んだ線分の描く面積）が一定であることをいう（第2法則）．

力の中心をS，物体がある時刻にAからB方向に進むとする．その際妨げられることがなければ，さらにBcに進むはずであるが，実際は向心力によってBCに進む．こうして図から，

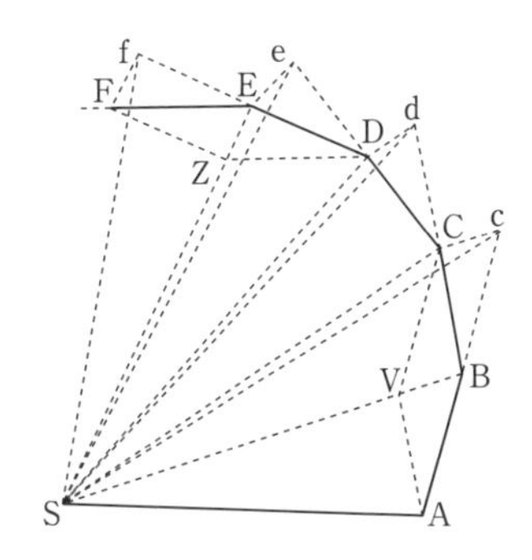

『プリンキピア』第1篇第2章命題1

$$\text{AB}=\text{Bc},\ \text{SB}/\!/\text{Cc}.\ \triangle\text{SBc}=\triangle\text{SAB},\ \triangle\text{SBC}=\triangle\text{SBc}.$$

$$\text{よって}\ \triangle\text{SAB}=\triangle\text{SBC}.$$

これらの三角形を合わせると，その和は時間に比例する．ところで幅を無限に減らし，三角形の個数を無限に増すと，折れ線ABCDEFは曲

線となる．ここでは議論の核心として，折れ線の和が曲線になるということ，時間が面積に対応し一つの独立した量として表されるということの2点で，古典幾何学からの逸脱が指摘できる．

命題11では，物体の軌道が楕円で，向心力の中心が楕円の焦点のとき，向心力は距離の2乗に反比例することが示される[*8]．この命題は『プリンキピア』の中でも歴史的に最も重要とされてきたもだが，前提となる議論（命題6など）が多く，ここでは証明を略さざるを得ない．

この命題を前提として，命題15「ある点を共通の力の中心とし，距離の2乗に反比例する共通の向心力により楕円運動する物体がいくつかあるとする．そのとき各楕円運動の周期はその長径の $\frac{3}{2}$ 乗に比例する」（第3法則），が示される．以上の議論で前提とされるのは，『プリンキピア』ですでに述べられた力学，アポロニオスの円錐曲線論，そして極限操作である．

本書は運動論を主題としており，形成しつつある流率法がふんだんに駆使されていると思われがちであるが，実際は決してそうではない．むしろ，公理から始まるエウクレイデス『原論』にならった古典幾何学的な演繹的記述と，アポロニオスの円錐曲線論とで埋め尽くされ，また代数的記述も全く見られない．しかし『プリンキピア』に微積分学ではなく幾何学が使用されているからといって，それはもはや古代ギリシャの幾何学ではない．運動を扱う限り，少なくともギリシャにはない無限小と極限移行の議論が入り込むことになるからである．とはいえそれを出来るだけ避ける巧妙な工夫がなされ，それにより議論が大変複雑になっ

＊8　これは「順ニュートン問題」とも呼ばれる．他方，向心力が距離の2乗に反比例するなら楕円軌道を描くという主張は「逆ニュートン問題」と呼ばれる．

ているのは確かである.

最新の流率法を用いなかった事に関して，ニュートンの同時代の人々（ベルヌイ兄弟など）や後継者たち（ラプラスなど）はすべからく，ニュートンは当初流率法を使用し，その後総合幾何学に翻訳して元の方法を隠したと考えていた．しかし，当時は流率法を理解できる者はほとんどいなかったこと（大学教育にはまだ取り入れられていない），また幾何学的表現形式が標準であったこと，さらに1680年代からニュートン自身の関心がデカルト的解析幾何学からギリシャ的総合幾何学に移行しつつあったことなどの理由から，ニュートンは当初より現在あるような形で論を進めたと今日では解釈されている.

ニュートンの著作にはしばしば図版が付けられ，その業績が暗に顕彰されている．ウィリアム・ジョーンズ（1675–1749）は『量列，流率そして差分による解析，そして第3種の曲線の枚挙』（1711）という題でニュ

ミネルヴァとプットによる『プリンキピア』の図版

命題94（左下）；命題66（中央左）；命題32と43（中央盾）；命題1　面積速度の法則（中央右）；命題91系2　回転楕円体の引力（右）

ートンの著作を刊行したが，そこに含まれる論文「解析について」の前に添えられたのが前ページの図版である．そこでは『プリンキピア』第1巻に用いられた命題の図がていねいに描かれ，武装したミネルヴァ（知恵，工芸，戦争の女神）を中心に，プット（裸で翼を持つ赤子の天使）が図版を指し示している．

この図版は，「解析について」で述べられた流率法が『プリンキピア』の至る所で使用されている，と後継者達が見なしていたことを暗示している．付け加えて言うなら，いわゆる「ニュートンの運動方程式」は『プリンキピア』では今日のようには記述されておらず，現代的にそのように解釈できるだけである．我々の通常描くニュートン像や彼の仕事は，後継者（ニュートン主義者）たちによって形成されていったと言えるであろう．ニュートン自身の業績と後継者たちの業績とは区別されねばならない．彼らのおかげで，ともかくも18世紀は「ニュートン主義の時代」と特徴づけられることになる．

12.6 著作刊行と晩年

残された膨大な量の原稿やノートに比べて，ニュートンは生涯にわたってほとんどその作品を出版しなかった．生前に出版されたまとまった著作は，『プリンキピア』(1687)，『光学』(1704)，『簡略年代記』[*9] (1725) だけで，このことがライプニッツとの微積分学優先権論争の一因にもなった．未出版の理由は，17世紀後半のイングランドにおける出版事情の悪化にもよるが，その時期ニュートンは今までの自己の数学思想を転換していくようになったからであるとも考えられる．すなわち，彼の

＊9　原稿の要約が本人に無断で仏訳され出版された．完全版はニュートンの死の翌年『古代王国に関する正された年代記』(1728) として刊行された．

1660-70年代の数学は直観的帰納的個別的であり，独創的であるものの，なかには厳密性や証明に無頓着なものもあり，ニュートンは発表するには適していないと考えていた．他方で1680年代以降ニュートンは，古代ギリシャ幾何学とその厳密性へ関心を向け，デカルト的代数解析（初期に影響を受け流率法に繋がる）に立ち戻ることにもはや関心を示さなくなったからであろう．もちろん優先権論争の最中にあっては，出版自体が微妙な問題を孕むこともあったかもしれない．下の表に見えるように，ニュートンの後継者たちの仕事の一つは，ニュートンの著作を英訳刊行したり注釈を付け刊行したりすることであった．

執筆年代	出版年	作品名（括弧内は出版者）	備　考
1666.10	1967	「1666年10月論文」	1967年『数学著作集』第1巻（ホワイトサイド）
1669	1711	「解析について」（ジョーンズ）	「解析について」「求積について」「枚挙」「差分法」「ニュートンの手紙」も同時に含む
1670-71	1736	「方法について」（コウルスンによる英訳）	ラテン語原文は1779年「解析法の諸例あるいは解析幾何学」として（ホースリー）
1673-83	1707	『普遍算術』（ホイストン）	1722（再刊），1720（ラフソンによる英訳）
1680頃	1971	「曲線の幾何学」	1971年『数学著作集』第4巻（ホワイトサイド）
	1687	『プリンキピア』（ハリー）	1713(第2版　コーツ),1726(第3版　ペンバートン)，1726（モットによる英訳）
1691-93	1704	「曲線求積論」(『光学』付録)	1710（ハリスによる英訳），1745（スチュワートによる英訳）
1695頃	1704	「3次曲線の枚挙」（『光学』付録）	1710（ハリスによる英訳）

主な数学作品の執筆年と出版年

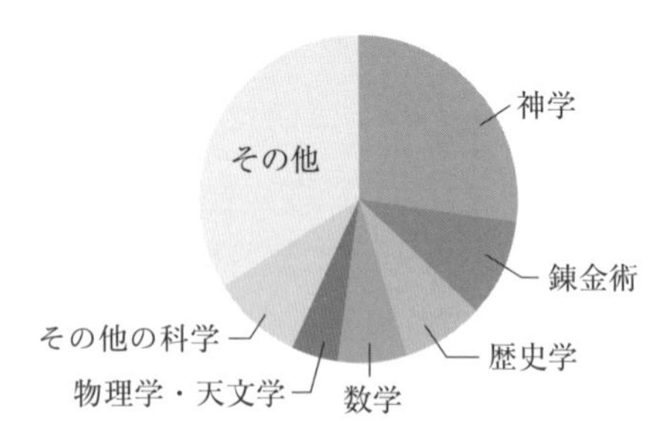

ニュートンの蔵書の分野

ニュートンの業績についての記述は尽きることがない．後に見る論争相手のライプニッツでさえ，「今までの数学をすべて寄せ集めると，その大部分はニュートンが成し遂げたことである」と評しているほどである．ライプニッツとは異なり，彼の数学は生前すでに評価され，晩年は王立協会会長にまで登り詰め（1703），さらにナイトに列せられ（1705），サー・アイザックと呼ばれ84歳で亡くなった（1727）．今日ニュートンの数学は数学史家ホワイトサイドによる決定版『数学著作集』（全8巻）にまとめられ，さらに『ニュートン・ハンドブック』なる手頃な研究便覧もあり，数学史上もっとも詳細に歴史研究されている数学者の一人といえよう*10．

しかしニュートンの打ち込んだ研究はそれだけにとどまらず，錬金術，キリスト教神学，聖書年代学などさらに奥深く潜んでいることも指摘しておこう．ニュートンの蔵書1763点が残されているが，そこには数理科学書は少ない．このことからニュートンの関心がどこにあったかが見えてくる．

＊10 D. T. Whiteside, *The Mathematical Papers of Isaac Newton*, vol.1-8, Cambridge, 1967-81; G. Gjertsen, *The Newton Handbook*, London, 1986.

学習課題

(1)　本文中に触れた『プリンキピア』におけるケプラーの第3法則の証明を調べてみよう．

(2)　**12.2** の「ニュートン算」を解いてみよう（計算が複雑で難しい）．

(3)　本文12.4の方法を用いて，$6x^3-2x^2+5xy+3xy^2=0$ から流率間の関係を導き，また $2\dot{x}x^2-5\dot{x}x+6\dot{x}y+5\dot{y}y+6x\dot{y}=0$ から流量間の関係を導いてみよう．

(4)　**12.4** の表による方法を用いて，$\dfrac{\dot{y}}{\dot{x}}=1+\dfrac{y}{a}+\dfrac{xy}{a^2}+\dfrac{x^2y}{a^3}+\dfrac{x^3y}{a^4}+\cdots$ の y を，x で第6項までベキ級数展開してみよう．

(5)　$\sqrt{2}=1+p$ とおいて，逆関数を求めたとき（**12.3** 参照）のように p を求め，さらに次々と近似してみよう．

参考文献

・和田純夫『プリンキピアを読む』，講談社ブルーバックス，2009.

　　本章でも利用した『プリンキピア』の内容のわかりやすい解説.

・河辺六男『ニュートン』（世界の名著26），中央公論社，1971.

　　『プリンキピア』の翻訳を含む.

・高橋秀裕『ニュートン…流率法の変容』，東京大学出版会，2003.

　　ニュートン流率法に関する日本語で読める最高峰であるが専門的.

・フォーベル他『ニュートン復活』（平野葉一・川尻信夫・鈴木孝典訳），現代数学社，1996.

　　豊富な写真を含みニュートン像が描かれている.

・吉田忠（編）『ニュートン自然哲学の系譜』，平凡社，1987.

　　長岡亮介「ニュートンの数学」など秀一な論文を含む.

・ウェストフォール『アイザック・ニュートン』上・下（田中一郎・大谷隆昶訳），平凡社，1993.

　　もっとも詳しいニュートンの伝記.

13 ライプニッツ

《目標＆ポイント》 微積分学の発見者としてニュートンと並び称される「17世紀の万能人」ライプニッツの数学を，ニュートンのそれとの比較において見ていく．学問分野の揺籃期において，両巨頭間には長期にわたる優先権論争があり，またこの新しい学問分野への批判者も出てきたが，それらについても言及し，同時に当時の数学や学問を巡る背景を探る．
《キーワード》 微積分学，無限小解析，優先権問題，特性三角形

13.1 ライプニッツの時代

ゴットフリート・ヴィルヘルム・ライプニッツ（1646-1716）は，幼少の頃からライプツィヒ大学道徳学教授である父の書斎で多方面の読書経験をし，数学というよりも哲学，さらに普遍学に関心を抱いていた．数学の勉強の開始はニュートンに比べるとかなり出遅れた．ライプニッツは法学博士の学位を得たが，その後哲学教授資格取得論文として『結合法論』を執筆した．これは20歳のときの論文であるが，その後の彼の数学手法に影響を与えることになる．20代後半になってマインツ選帝侯ヨハン・フリードリヒの使節に伴ってパリに出たとき，その地に招かれていたホイヘンス（1629-95）に出会い，その指導を受け数学に目覚めた．パリに滞在したわずか4年間（1672-76）でデカルト『幾何学』を超え，ライプニッツは瞬く間に最先端の数学を自らのものとし，ついに微積分学の発見に至るのである．

ライプニッツは体系的数学著作を残していない．というよりも多忙で

出来なかったと言った方がよい．今日残されているのは，雑誌掲載論文，そして膨大な量のメモと書簡である．現在それらがドイツでアカデミー版『ライプニッツ全集』として整理刊行中であり，まだ全貌が見えてくるとは言いがたい状況である．メモには刻々と研究の進展の痕が見えるものの，日付のないものもあり，アイデアが生まれた時期を特定することは容易ではない．

今日では，学術上の発見後には直ちに論文として発表することが学界の鉄則である．そのための公正な団体である学会があり，また論文採用の査読システムでは，従来の研究成果の上に立ったうえでの創造的発見かどうかが問われる．だがニュートンとライプニッツの時代は必ずしも今日のようではなかった．すでに別表のように学術団体が創設され，学

成立年	団体名	本拠地	雑　誌	特　徴
1603 (伊)	アッカデミア・デイ・リンチェイ	ローマ		チェージ枢機卿が設立．10年で消滅
1657 (伊)	アッカデミア・デル・チメント	フィレンツェ	『論文（サッジ）』(1666)	メディチ家の援助で設立された実験学会で，1667年まで存続
1662 (英)	自然の知識を改善するためのロンドン王立協会	ロンドン	『フィロゾフィカル・トランザクションズ』(1665-)	国王が認可(1662)した任意学術団体
1666 (仏)	王立科学アカデミー	パリ	『ジュルナル・デ・サヴァン』(1665-1792)	コルベールが庇護した少数精鋭の政府機関
1700 (独)	ブランデンブルク科学協会（「ベルリン科学協会」など名前は何度も変遷）	ベルリン	『紀要（ミスケッラネア）』(1710-43)	ライプニッツが初代会長で応用を重視

各国の主要な学術団体の成立

術雑誌も刊行されてはいるが，それらはまだ専門分野に分化した学会ではなく，さらに専門研究誌ともなると皆無であった．論文採用も恣意的になる場合もないわけではなかった．そもそも発見後すぐに論文発表するという習慣もなく，しばらく醸成し完成度を高めることもたびたびあったし，発見という行為は個人的なもので，その成果は自分のみに帰属し社会に公表することもないという考えもあった．こういった状況のなかで発見の優先権を巡る論争が後に生じたのである．

それを述べる前に，まずライプニッツの数学形成を見ておこう．

13.2 ライプニッツの無限小解析

ライプニッツの微積分学は求積法から始まる．1675-76 年に執筆された『系が数表なしの三角法である，円，楕円，双曲線の算術的求積』は，公刊されることはなかったが，そこでは今日いわゆる「面積変換定理」と呼ばれるものが導かれる．それは図形を無限小の部分（切片 OPQ）に分解し，それを等積の長方形（zdx）に変換し，後者の総和を求め元の図形の求積を得るものである．これは曲線下の面積を長方形の面積に変換

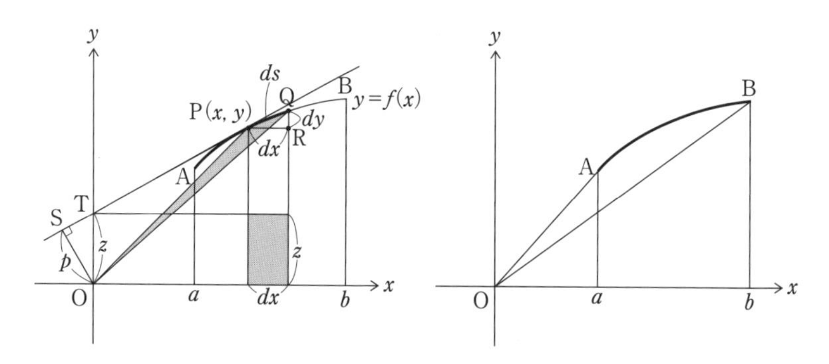

面積変換定理

してしまうという驚くべき定理である[*1].

これを利用していくらか計算すると，四分円の求積（半径1の円の4分の一の面積）の級数展開である，いわゆる「ライプニッツの級数」[*2]

$$\frac{\pi}{4}=1-\frac{1}{3}+\frac{1}{5}-\frac{1}{7}+\cdots$$

を求めることができる．この式は右辺の無限演算がπで規定できてしまうことを意味する．

接線法については当初未熟な結果しか得られていなかったが，草稿「求積解析第2部」（1675年10月29日付）では，かなり荒削りな議論であるが，初めて$\int$とdという記号が登場する．最後に，「$\int$が次元を増やすように，dは次元を減らす．ところで$\int$は和を，dは差を意味する」，と両者の逆の関係が示唆されている[*3]．ここでは明らかに両記号は作用素として機能し，

$$\int y=z \quad \Leftrightarrow \quad y=\frac{z}{d}$$

という記号上の対応関係がすでにこの時期に把握されている．dは次元

＊1　現代記号を用いて見ておこう．$y=f(x)$があり，図のように値をとる．ds，dxはそれぞれPQ，PRの微少部分とする．点P上で接線PSを引くと，無限小三角形（これを「特性三角形」という）△PQRと△OTSとはほぼ相似と考えてよいから，$\frac{ds}{z}=\frac{dx}{p}$．よって$\triangle \mathrm{OPQ}=\frac{1}{2}pds$は$\frac{1}{2}zdx$となる．つまり陰の部分の面積比は1：2となる．面積全体を集めると（前ページの図右），切片$\mathrm{OAB}=\int_a^b\frac{1}{2}zdx$．よって$\int_a^b ydx=\frac{1}{2}bf(b)-\frac{1}{2}af(a)+$切片$\mathrm{OAB}=\frac{1}{2}\left(\left[xy\right]_a^b+\int_a^b zdx\right)$.

＊2　ただしこの式はすでにジェームズ・グレゴリー（1638-75）が1671年に言及していた．さらにその前には，1400年頃南インドのケーララで活躍した数学者マーダヴァも得ている．

＊3　$\int$は上下に長いsでsumma（和）に，dはdifferentia（差）に由来する．

を下げるので分母に置かれ $\frac{z}{d}$ と書かれているが，やがてこれは dz と書かれるようになる．

その後，草稿「接線の微分算」(1676 年 11 月付) で初めて微積分学の基本公式

$$\boxed{\frac{dx^n}{dx}=nx^{n-1},\quad \int x^n dx=\frac{x^{n+1}}{n+1}}$$

が明確に述べられる．さらにこれは分数式や無理式にも適用可能であると付け加えられ，合成関数の微分の例 $d\sqrt{a+bz+cz^2}$ では，$a+bz+cz^2=x$ とおいて解が得られることが示されている．ここで初めて微積分学の方法が記号を伴って確立されたと言えよう．歴史的に重要な発見にもかかわらず，これが論文として印刷公表されるのはずっと後の 1684 年なのである．

13. 3　ライプニッツの微積分学

ライプニッツは 1680 年代から次々と雑誌に論文を公表し始める．最初の論文はパリ時代に考察した円の算術的求積に関する論文であるが，ここで「超越的」と言う言葉が初めて印刷され登場する (手稿ではすでに 1675 年 3 月に用いられている)．そこでは $x^x+x=30$ の例が与えられ，デカルトが排除したこのような曲線も考察対象とされたことで，ライプニッツはデカルトを超えたのである．

微分算の基本公式とその応用の初出となる有名な論文は『学術紀要』に掲載された，「分数式にも無理式にも煩わされない，極大・極小ならびに接線を求める新しい方法，またそれらのための特別な計算法」(1684 年 8 月：以下では「極大極小の新方法」と略記) である．そこでライプニッツは先の微積分学の公式をさらに仕上げる一方，それが分数式や無理式の

曲線の極値や変曲点の決定にも適用できることを主張している．さらに置換積分を述べ，具体的問題で論文を締めくくる．その例を一つ見ておこう．

2点C，E，同一平面上に直線SS，さらに定数h，rが与えられているとする．さらにCFとEFとを結ぶ．このとき CF×h+EF×r を最小にするSS上の点Fを求めたい．

MENSIS OCTOBRIS A. M DC LXXXIV. 467

NOVA METHODUS PRO MAXIMIS ET MInimis, itemque tangentibus, quæ nec fractas, nec irrationales quantitates moratur, & singulare pro illis calculi genus, per G. G. L.

Sit axis AX, & curvæ plures, ut VV, WW, YY, ZZ, quarum ordinatæ, ad axem normales, VX, WX, YX, ZX, quæ vocentur respective, v, w, y, z; & ipsa AX abscissa ab axe, vocetur x. Tangentes sint VB, WC, YD, ZE axi occurrentes respective in punctis B, C, D, E. Jam recta aliqua pro arbitrio assumta vocetur dx, & recta quæ sit ad dx, ut v (vel w, vel y, vel z) est ad VB (vel WC, vel YD, vel ZE) vocetur dv (vel dw, vel dy vel dz) sive differentia ipsarum v (vel ipsarum w, aut y, aut z) His positis calculi regulæ erunt tales:

Sit a quantitas data constans, erit da æqualis 0, & d ax erit æqu. a dx: si sit y æqu v (seu ordinata quævis curvæ YY, æqualis cuivis ordinatæ respondenti curvæ VV) erit dy æqu. dv. Jam *Additio & Subtractio*: si sit z − y + w + x æqu. v, erit d z − y + w + x seu dv, æqu dz − dy + dw + dx. *Multiplicatio*, d xv æqu. x dv + v dx, seu posito y æqu. xv, fiet dy æqu x dv + v dx. In arbitrio enim est vel formulam, ut xv, vel compendio pro ea literam, ut y, adhibere. Notandum & x & dx eodem modo in hoc calculo tractari, ut y & dy, vel aliam literam indeterminatam cum sua differentiali. Notandum etiam non dari semper regressum a differentiali Æquatione, nisi cum quadam cautione, de quo alibi. Porro *Divisio*, $d\frac{v}{y}$ vel (posito z æqu. $\frac{v}{y}$) dz æqu. $\frac{\pm v dy \mp y dv}{yy}$

ライプニッツの論文「極大極小の新方法」の冒頭　図の一番下の式は $\frac{\pm vdy \mp ydv}{yy}$ で，dy，dv が見える

CとEとからSSへの垂線の足をそれぞれP，Qとする．ここで，QF=x，CF=f，EF=g，CP=c，EQ=e，PQ=p とおく．すると

$$\mathrm{FP}=p-x$$

$f=\sqrt{c^2+p^2-2px+x^2}$ これを$\sqrt{l}$ とおく．

$g=\sqrt{e^2+x^2}$ これを $\sqrt{m}$ とおく．

このとき

$\omega=h\sqrt{l}+r\sqrt{m}$ とすると，$d\omega=0$ とすればよい．

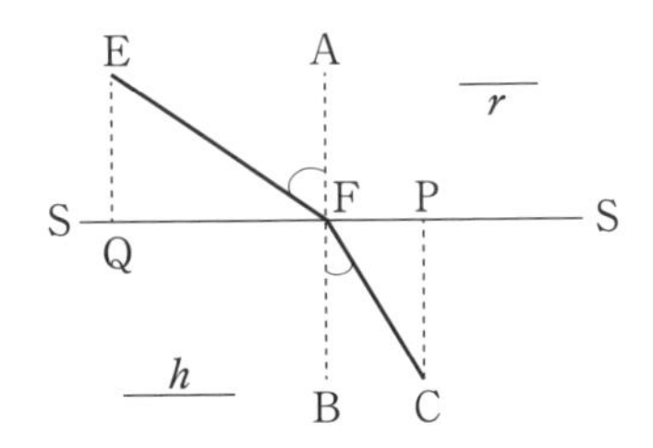

さてこの問題を屈折光学の問題とすると，$f=g$ とすることができ，

$$h : r = x : p - x = \mathrm{QF} : \mathrm{FP}^{*4}.$$

となる．これは「入射角（∠AFE）と屈折角（∠BFC）の正弦 FP と QF は媒質の密度 r，h との逆比となる」というスネルの法則*5そのもので，以上の計算からこれを簡単に導くことができる．この問題には無理数が含まれ，フェルマの方法で計算すると大変煩雑になるが，ライプニッツのこの論文ではいとも簡単に導ける．彼が「…無理数にも煩わされない…」と名付けた真意がここから読みとれる．最後にライプニッツはこう付け加えるのである．「当時他の碩学たちが多くの回り道をしながら追い求めたものを，この計算に通じた人ならば，今後は3行もあれば示すことができるであろう」．個別的に解を求めるのではなく，ライプニッツの目指したこの普遍性こそ西洋近代数学の発展の要因なのである．

引き続き積分法を，「深奥な幾何学，ならびに不可分量と無限の解析について」(1686) で公表し，そこでは $\int$ を用いている*6.

関数（functio）という語は，数学史上ライプニッツによって1673年8月に初めて使用されたが，そこでは接線影などの長さを意味するにすぎなかった．それがより少しでも今日的に重要な意味を持つようになったのは1693年頃で，そこでは縦線と横線とが統一的に座標（coordinatae）と呼ばれ，両者の関係性を示すものとして関数概念が拡張されていったのである．しかしそこでも「直線から切り取られる線分」と説明されているにすぎず，幾何学的に言い表されているだけであるが，この概念は

＊4　$d\omega = \frac{hdl}{2\sqrt{l}} + \frac{rdm}{2\sqrt{m}}$．ここで $dl = -2(p-x)dx$，$dm = 2xdx$ を代入し，$d\omega = 0$ とする．さらに $f = g$ とすると求めることができる．

＊5　オランダの数学者ヴィレブロルト・スネル（1580-1626）が1621年に発見した法則．

＊6　ただしライプニッツは $\int$ を用いる計算を求和計算（*calculus summatorius*）と言い，積分算（*calculus integralis*）という言葉を用いたのはヨーハンとヤーコプのベルヌイ兄弟である（1696）．

ベルヌイ兄弟との文通によって育てられていき，やがてこれは解析的に捉えられるようになる．確かに同じ頃ヨーハン・ベルヌイ（1667-1748）はすでに関数を「変量と定量からつくられる量」と定義している．そして最終的にオイラー（1707-83）が今日の関数概念につながる意味を付与したのである．

晩年の論文「ベキと微分の比較における代数計算と無限小計算の注目すべき対応，および超越的同次の法則」（1710）は，記号法をふんだんに用い，ライプニッツ的特徴を見事に示す論文であるが，内容自体はすでに10年以上も前に得られていた．そこでは積の高階微分が，2項展開式のベキと形式的に対応することを論じている．すなわち，ベキをpで，微分をdで表し，しかもそれらを作用素として意味づけし，$p^n(x+y+z) \Leftrightarrow d^n(xyz)$という対応関係を指摘している．ライプニッツはすでに「極大極小の新方法」で2項の和と積の微分式において，$dxdy$はxdy，ydxに比べて小さいので，$d(x+y)=dx+dy$，$d(xy)=xdy+ydx$となることを示していた．こうして，関数xyのn次導関数$d^n(xy)$である$(xy)^{(n)}$を，$\sum_{k=0}^{n}\binom{n}{k}d^{(k)}xd^{(n-k)}y$として与えることに成功した．すると$d$が演算記号として機能することにより，次々と新しい結果が生み出される．たとえば，$d^0x=x$，$d^{-1}x=\int x$であるが，これを一般化すると，$d^{-r}x=\int^r x$となる．

高階微分式

$$d^m(xy)=d^mxd^0y+\frac{m}{1}d^{m-1}xd^1y+\frac{m(m-1)}{1\cdot 2}d^{m-2}xd^2y+\cdots$$

において，$x=dz$，$n=-m$，$d^{-r}=\int^r$と置き換え，

$$\int^n d(zy)=\int^{n-1}zd^0y-\frac{n}{1}\int^n zd^1y+\frac{n\cdot(n+1)}{1\cdot 2}\int^{n+1}zd^2y-\cdots.$$

これは

$$\int^{n} ydz = d^0 y \int^{n-1} z - \frac{n}{1} d^1 y \int^{n} z + \frac{n\cdot(n+1)}{1\cdot 2} d^2 y \int^{n+1} z - \cdots$$

であり，後にテイラー展開として知られる式と同値である．この式にライプニッツはテイラー（1715）よりも早く1695年に到達していた事も指摘できる．以上のようにライプニッツは記号を駆使して次々と新しい成果を生み出していった．

ライプニッツは微積分学以外にも方程式論，数論，確率論，年金計算，2進法，計算機（加減乗除と開平法を操作できる），位置解析など様々な数学研究を進めた．なかでも位置解析はもっとも独創的アイデアであったが，当時は理解されることはなかった．

13. 4　微積分学優先権論争

ニュートンよりも4歳若いライプニッツは，ロンドンに滞在したこともあるが，ニュートンとは一度も面識はない*7．この二人の巨人の間に何が起こったのか．その詳細は必ずしも完全に解明されたわけではないが，今日微積分学の発見を巡る優先権問題では，時期は別であるが両者共に独立して発見し，どちらも剽窃などはしなかったとされている．ここで微積分学の発見とは，接線問題と求積問題とがそれぞれ微分法と積分法として逆関係にあること（「微積分学の基本定理」）の認識を指すことにする．

微積分学の基本的アイデアにたどり着いたという点では，ニュートンのほうが早く1665年5月頃であり，他方ライプニッツは10年遅れて

＊7　両者はそれぞれ1回だけ手紙を直接やりとりしている（ニュートン宛1693年3月17日とライプニッツ宛新暦10月26日）．

1676年頃である．しかし公表した年は，ライプニッツが早く1684年であり，他方ニュートンは1704年である．ライプニッツの公表が早いということは，微積分学は彼の記述方式で受容され後継者によって展開されていくことを示している．実際ライプニッツの記号法は操作上大変優れていたことも重なり，その後の微積分法の展開は今日に至るまで主にライプニッツ方式である．ただしニュートンの力の及んだ英国を除いてであるが．いずれにせよ1660-70年代にイングランドと大陸で誕生していたのである．

ライプニッツはパリ時代1676年にロンドンを訪れたが，出版用にニュートンの原稿を所持していたコリンズ（1625-83）からそれを写し取っている．このことは後に優先権論争が激化したとき状況証拠として問題とはなるが，写した内容は微積分学の基本定理に関するものではなかったことが今日判明している．1699年ニュートン派のスイス人数学者ファシオ・ド・デュイエ（1664-1753）は，ニュートンが微積分学の発見者であり，ライプニッツは剽窃者であると自分の著作でほのめかした．ここで論争の火ぶたが切って落とされた．その後その取り巻きを含めて互いに誹謗中傷合戦が開始され，1710年代にはそれはますます白熱していく．

そこで1711年ライプニッツは，英国側からの攻撃に対してロンドンの王立協会に直接抗弁した．しかしそれは無駄というものであった．というのも協会はニュートンが会長を務めており，さらに当時の王位継承権を巡って英国はライプニッツの所属するハノーファーに対して敵意を抱いていたからである*8．したがってライプニッツの訴えが認められるはずはなかった．この論争は，単に微積分学に関することのみならず，

＊8　選帝侯ゲオルグ・ルードヴィヒが英国王ジョージ1世として1714年に英国に迎えられたことも英国人に不満であった．

さらに神学問題にまで及んでいった．1712 年王立協会に調査委員会が設立され，公式調査報告書として『往復書簡集』[*9]が刊行され，国内外の関係機関に送付され，こうしてニュートン側に都合のいいように事は運んだ．もちろんそれは，調査委員は一人を除きすべて英国人で，『往復書簡集』の編集にニュートン自身が関わったことからに他ならない．それに対しライプニッツは『趣意書』(1713) で反論し，事態はさらに泥沼化していった．こうしたなかライプニッツは 1716 年失意のうちに他界してしまう[*10]．

13.5 論争後

その後も『往復書簡集』第 2 版 (1722) がニュートン側に立って刊行され，論争はその継承者によって引き継がれていく．ともかくも当時の優先権問題の判定資料は圧倒的にニュートン側に有利であった．こうしてニュートンの名声が英国のみならずしだいに大陸にも行き渡ると，ライプニッツの影はさらに薄くなっていく．さらに追い打ちをかけたのはニュートン主義の伝道者ヴォルテール (1694-1778) の存在であろう．当時高名な彼は，小説『カンディード』(1759) でライプニッツの主張である最善説を諷刺し，ニュートン主義の普及に貢献した．時代はニュートンに有利に働いていたように見える[*11]．しかしそれは一面でしかなかっ

＊9　正式タイトルは『高等解析に関するジョン・コリンズ氏そのほかの書簡集．ロンドン王立協会の命により，1712 年初版』．当時，学術的成果は書簡の形で回覧されることがあり，それらをまとめたもの．

＊10　ライプニッツは晩年「微分法の歴史と起源」(1714-16) で自らの数学研究の変遷を綴ったが，それは生前には公表されなかった．

＊11　ライプニッツは地位も不遇で，彼の葬儀には参列者は一人しかいなかった．他方ニュートンは社会的に十分に評価され，貴族の地位にまで登りつめ，国葬にまでされ，ウエストミンスター寺院に葬られた．

た.

その後の微積分学はライプニッツ流の記号法が採用され，彼の弟子達（ベルヌイ兄弟など）がさらに展開していく．それに比べて英国では，優先権論争の後遺症で大陸との学術的断絶により，ニュートンの流率法は普及するものの，数理科学自体は大陸から遅れをとるようになる．もしライプニッツが長生きしていたら，優先権論争の個別の戦闘には負けたものの，最終勝利は自らのものになったことを見届けることが出来たであろう．さらに付け加えれば，ニュートン自身は，年とともに古典ギリシャ幾何学に傾倒し，自ら考案した流率法をどれほど評価していたかははっきりしない．他方ライプニッツは，記号を用いた微積分学の威力を十分理解してはいたが，それでも彼にとってそれはより大きなプロジェクト…普遍学…の一端でしかなかったようである．

両巨匠は微積分学を創設したがそれは同じ方法ではなかった．彼らのアプローチは異なり，それによって表現法も適用も異なることになる．比較する視点の相違によってさまざまな評価ができる．ニュートンのアプローチは運動概念を用いるもので，その「流率法」は，点や線が運動したときの微小変化量を時間に沿って数学的に表現する方法である．他方ライプニッツの「無限小解析」は，運動や時間概念を用いず，曲線の幾何学的特徴を微小な「特性三角形」を用いて表現する方法であった．その際，級数の位置づけに両者では著しい相違がある．ニュートンは級数展開を流率法の基本とする一方，ライプニッツではそれは無限小解析とは別物との理解であった．こうした差があるにもかかわらず最終的成果はともに微積分学として形成されたのである．本質が一致していていたからこそ論争が生じたとも言えよう．

13.6 微積分学の批判者たち

微積分学は古代ギリシャでは巧妙に避けられていた無限小や微小な部分を取り扱う．したがって無限を取り扱う際に厳密性をいかに守るかという問題が生じることになる．このことを，無限小解析に対し当時警鐘を鳴らした人物の主張から見ておこう．

ベルナード・ニーウェンタイト（1654-1718）はオランダで市長を務めた自然神学者であるが，1694-96年立て続けに3冊の著作を公刊し，ライプニッツの無限小解析を批判した．彼は無限小なる曖昧なものの存在を否定し，それでももし存在するとしたらそれは0でしかなく，それを用いる場合は，有限量aに対して任意に与えられたものより大きいmで割った$\frac{a}{m}$を用いれば済むことであるとした．すなわちギリシャ的方法で厳密性を保持しようとした．さらに彼は，1階微分は認めるとしても，dx，dyなどは有限で，しかもあらゆる与えられた量よりも小さな量なので等しいはずであり，それらをさらに用いた2，3階等々の微分は認められないとした．

それに対してライプニッツは「連続率」（有限に関する法則は無限の中でもうまくいく）を持ち出して，有限から無限への極限移行を，一方が他方に「連続的推移によって消え入る」として弁論する．というよりも，ライプニッツにおいて無限小は計算上必要な「よく基礎づけられた虚構」の概念であり，むしろそれを用いることの有効性を強調しているように見える．

英国では，ニュートンの死後まもなく数学界を揺るがすような著作が出た．アイルランド人ジョージ・バークリ（1685-1753）の『解析者（ジ・アナリスト）』（1734）である．聖職者である彼は，そこでニュートンに『プリンキピア』

を書くように薦めたハリーを暗に「不信心な数学者」と呼び，その義憤からこの著作を書き上げたようであるが，またニュートン主義者の数学をもその射程に置いている．そこでは流率法の信奉者（「解析者」という名前で揶揄している）の無限に関する議論の脆弱性を指摘する．彼にとって解析者の扱う無限や流率は不可解そのもので，ニュートンの o は0であってしかも0でない無限小量で，フェルマの e もしかり．さらに無限小を内に含む流量を2度も重ねる「流率の流率」は神秘そのものであるとも言う．

これに対して多くのニュートン派が弁護に立ち向かったが，なかでもエジンバラ大学数学教授マクローリン（1698-1746）は，『流率論』（1742）の第1巻で，ニュートンのいう無限小を有限量で置き換えることによってギリシャ的証明を用いて厳密性を保証しようとした．

以上のニーウェンタイトもバークリも揺籃期の微積分学を否定しているのではなく，またそこに神学と数学の対立という構図は見られない*12．ただ彼らは，第一線の数学者たちの無限の取扱いには厳密性が欠けていることを指摘したのである．二人のおかげで微積分学の議論はより厳密にそして豊かにはなったが，結局この問題はこの時代に解決できるものではなかった．ここから我々は，当時においても厳密性を保証するためには常にギリシャ的伝統に立ち戻る他はなかったこと，そして他方で厳密性の議論抜きにして記号操作だけで多くの成果が量産されていたことを知ることができる．

＊12　ニーウェンタイトは『無限解析，つまり多面体の性質より引き出された曲線の性質』（1695）という数学書を出してはいるが，晩年になると，数学的方法は無神論に導き，キリスト教自然哲学には反するとの見解をもつようになった．

13.7 微積分学の教科書

ニュートンもライプニッツも微積分学を創設したが，その解説書は何ら書いていない．微積分学を初めから学ぶにはどうしたらよいのであろうか．数学史上初の微分学教科書である『曲線の理解のための無限小解析』(1696) は，ライプニッツの論文が出て 12 年後フランス語で匿名出版された．それはフランス貴族ギョーム・ド・ロピタル (1661-1704) の著作とされている*13．そこでは，「通常の解析は有限量しか扱わないが，本書は無限自体にまで行き及ぶ」とし，無限小の実在を前提とし，曲線の極大極小，接線，曲線で囲まれた領域の面積について『原論』の形式にしたがって議論している．タイトルから見て取れるように，微積分学は関数を基礎に論じられたのではなく，曲線を研究対象としたのであることに注意しよう．では冒頭を見てみよう．

定義 1：連続的に増加あるいは減少するものは変量と呼ばれる．
定義 2：変量が連続的に無限に小さい部分だけ増加減少するとき，その無限小部分はその変量の微分と呼ばれる．
要請 1：その差が無限小量であるような二つの量については，お互いを区別なく見なす….
要請 2：曲線は無限に多くの無限小直線の集まりと見なされる….

ここでは無限小の存在が当然のごとく容認され，したがって従来の厳密化の議論はもはや無益であると捉えられていることが見てとれる．す

＊13 実際には彼に個人指導をしていたヨーハン・ベルヌイの影響が大きい．だからといってド・ロピタルの評価が下がるわけではない．数学の発展には創造的活動だけではなく，普及教育活動も重要だからである．

なわちニュートンとライプニッツの対立はもはやなく，来るべき18世紀に向けての解析学の視座が示されているのである*14.

その以後さらに次々と微積分作品が現れる．18世紀中頃には次のものがある.

マクローリン	『流率論』1742（仏訳1749）
アニェージ	『イタリアの若者向け解析教程』1748
オイラー	『無限解析入門』1748
クラメール	『代数曲線解析入門』1750
ブーゲンヴィル	『積分論』1754-55
リッカティとサラディーニ	『解析教程』1765-67

なかでもオイラー『無限解析入門』は，幾何学（解析幾何学），代数学（関数論），解析学（微積分法）を統一的に述べたことで数学史上もっとも重要な作品の一つである．しかし当時最もよく読まれた教科書は，ミラノの女性数学者マリア・ガエターナ・アニェージ（1718-99）の『イタリアの若者向け解析教程』（1748）である．内容・文体ともに大変わかりやすく，例題が豊富で，長期にわたって使用された優れた教科書である．イタリア語で書かれたが，英仏語にも

INSTITUZIONI
ANALITICHE
AD USO
DELLA GIOVENTU' ITALIANA
DI D.NA MARIA GAETANA
AGNESI
MILANESE
Dell' Accademia delle Scienze di Bologna.
TOMO II.

IN MILANO, MDCCXLVIII.
NELLA REGIA-DUCAL CORTE.
CON LICENZA DE' SUPERIORI.

アニェージ『イタリアの若者向け解析教程』表紙

＊14　ド・ロピタル『解析的円錐曲線論』（1707）は死後出版され，それは18世紀の解析幾何学の標準的テクストとなった.

訳され，英仏の学会から大絶賛された.

ド・ロピタルの本が英訳されたとき（1730年ストーンによる），タイトルは『流率法』と変えられ，ライプニッツの方法とニュートンのそれとは同じものだとされ，記号法もすべてニュートン式に変えられた（$dx \to \dot{x}$, $ddx \to \ddot{x}$）．しかし英国がライプニッツ式数学を本格的に導入するようになるのはさらに70年を要するのである.

学習課題

(1)　$\dfrac{\pi}{4}$の級数展開である「ライプニッツの級数」は面積変換定理から導き出されることを，参考文献を利用して調べてみよう．

(2)　ニュートンとライプニッツを様々な点（微積分学，職業，数学以外の神学や光学の業績など）で比較してみよう．

(3)　$d\left(\dfrac{x}{y}\right)$はいくつになるか，本文**13.3**から推測してみよう．

(4)　微積分学におけるライプニッツの方法が，デカルトやフェルマの方法に比べてすぐれている点は何かを考えてみよう．

参考文献

・『ライプニッツ著作集』（数学論・数学）（原亨吉他訳），工作舎，1997.
・『ライプニッツ著作集』（数学・自然学）（原亨吉他訳），工作舎，1999.
　　以上，ライプニッツ数学の原典からの翻訳.
・林知宏『ライプニッツ　普遍数学の夢』，東京大学出版会，2003.
　　日本語で読めるもっとも詳しいライプニッツ数学に関する研究書.
・中村幸四郎『近世数学の歴史　微積分の形成をめぐって』，日本評論社，1980.
　　ニュートンやライプニッツの時代の微積分学の歴史が原典から紹介.
・エイトン『ライプニッツの普遍計画』（渡辺正雄他訳），工作舎，1990.
　　ライプニッツのもっとも詳しい伝記で，数学の内容にも触れている.
・酒井潔他（編）『ライプニッツを学ぶ人のために』，世界思想社，2009.
　　ライプニッツ研究入門書．ライプニッツの代数学に関しての論文を含む.
・河田直樹『ライプニッツ　普遍数学への旅』，現代数学社，2010.
　　ライプニッツ数学全般の解説が詳しい.
・高瀬正仁『無限解析のはじまり』，ちくま学芸文庫，2009.
　　ド・ロピタル以降の解析についてが詳しい.

14　18世紀英国における数学の大衆化

《目標＆ポイント》 18世紀数学は，オイラー，マクローリン，ラグランジェ，ラプラスなど巨星の登場に事欠かないが．それでも数学史において谷間の時代とされることがある．それはその前後の，天才達による革命時代の17世紀と，広範な数理科学応用の時代が始まる19世紀と比較すればの話である．英国に限れば，ニュートンとライプニッツによる微積分学優先権論争の影響で大陸と学術上の断絶が生じ，他方で数学とは異質な博物学の大流行で，数学は低迷したと言われている．しかし視点を変えて見ていくと，この時期，英国*1では大衆数学が花開いていた時代でもある．本章では，18世紀英国の大衆数学とそれが支持された背景を見ることで，数学とは何かを考えてみる．
《キーワード》 フィロマス，数学器具，ネイピアの骨，解析協会

14.1　フィロマスの誕生

数学は本来実用的な性質を持つ．だからこそ古来多くの文明・文化で数学が展開してきたのであり，宗教上の理由で数学研究に制限が加えられた時代でさえも実用数学のみは許容されてきた．英国ではすでに16世紀頃から，ジョン・ディーなどによって数学の実用性が強調され，数学を測量術や航海術などに適用する数学実践家（マセマティカル・プラクショナー）という社会層が誕生していた（**9.3**参照）．

18世紀になると市民社会の成立，産業革命の進展により実践的な数学

＊1　ここでは，グレートブリテン王国（ウェールズを含むイングランドとスコットランド），およびアイルランド王国を対象とする．

の必要性がますます顕著になっていった．また植民地拡大による大規模航海や地図作成など軍事政策上，交易上でも実用数学が要求されてくる．こうしてそれを担うべき新しい社会層が誕生する．彼らのために多くの数学書が刊行され，数学は各地に浸透していく．しかしこれらの人々は数学研究者というのではなく，フィロマス（数学愛好家：philo 愛好＋math 数学）と称される．この単語は 18 世紀には大変ポピュラーで，『エンサイクロペディア・ブリタニカ』初版（1771）では，「学問あるいは科学の愛好者」と定義されている．彼らの関心は数学，自然哲学，天文学，航海術，機械学などを含む科学一般であるが，語源からわかるように，数学的学問の愛好者とするのが妥当であろう．彼らの多くは数学教師*2，測量士，医師など中産階級の実践的数学関連の専門従事者たちであったが，他方アマチュアも多くいた．1550-1800 年にフィロマスの数は格段に増大していった．

14. 2　数学の分類

18 世紀英国では，印刷文化の興隆によって数多くの実用数学書が刊行された．それらは簿記や測量術など個別の目的を持った作品もあれば，数学全体をカヴァーした作品もある．それらの内容を見ると，当時の数学がどのようなものであったかがよくわかる．

次ページの図はダブリンのクェーカー教徒で，教師，印刷業者であったサミュエル・フラー（1700 頃-1736）の『数学雑録』（1730）に掲載された「数学の樹」，すなわち数学の分類図である．数学哲学という上に伸びるまっすぐな幹が，算術，幾何学，三角法という 3 本の枝に別れ，それ

＊2　ここで数学教師とは，大学教授ではなく，初級中級学校，船員学校や軍事学校の教師である（後述）．

らがさらに多くの数学分野の果実を生んでいる.

これら以外に当時の数学には次の分野がある.

天文学	astronomy
測量術	mensuration
数学器具	mathematical instruments
商業	commerce
建築	architecture
計量法	gauging
日時計術	dialling
航海術	navigation
築城術	fortification
機械学	mechanics
弾道学	ballistics
規矩術	carpentry
射影法	perspective
時計製作術	horology

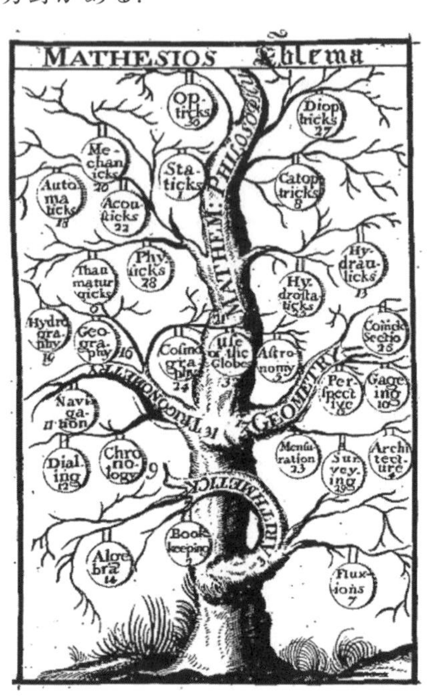

フラーの「数学の樹」

我々の今日イメージする数学は純粋数学であり，フラーのこの分類がそれといかに異なるかがわかるであろう．実際この時期英国では数学の本質は実用性にあると考えられ，多くの数学書は以上のいくつかの分野を含んでいた．そしてそこで用いられる数学の技法としては，三角法，対数，代数学，流率法，円錐曲線論，計算術（小数を含む）があった．数学は理論や技法ではなく，むしろ適用分野で分けられていたのである．

次にこの数学分野の中でも数学器具を見ておこう．

14. 3　数学器具

数学器具と言えば何を思い浮かべるであろうか．コンパス，定木，分度器，計算尺，…．それらばかりではない．上で見たように，16-19 世紀には数学器具という数学の分野があり，その作製，理論，使用法がさまざま述べられていた．数学器具は計測や計算に関わる器具で，先ほど述べた器具以外に日時計，天文器具，測量器具なども含まれ，フィロマスが作製使用した[*3]．

数学器具でもっとも古いものの一つに「ネイピアの骨（ボーン）」と呼ばれる計算器具がある．これはネイピアが『ラブドロギア』（1617）で発表した３種の計算器具のうちの一つで，動物の骨で作られた計算棒である[*4]．原理はいたって簡単で，角柱の棒の４面に九々の各段の値が書かれ，掛け算，割り算のみならず開平，開立もが容易に出来るようになっている．たとえば 1615×365 の場合，１の段，６の段，１の段，５の段の棒を縦に並べる．そして上から３番目，６番目，５番目の数に注目し，斜めに足し算する．それらの和が求めるものである．この器具は簡単な手順で掛け算が行え

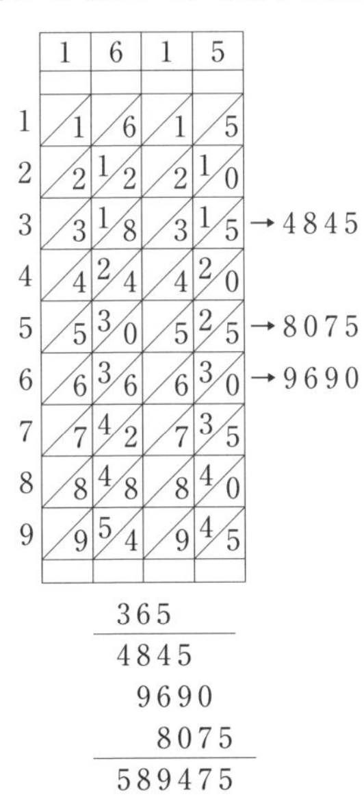

「ネイピアの骨」による 1615×365 の計算

＊3　これらはさらに広く「数学的哲学的器具」と呼ばれることもある．哲学的器具とは今日の物理化学実験器具で，使用者は実践家ではなく主に学者達である．

＊4　ラブドロギアという奇妙な名前はギリシャ語起源で，計算棒（棒 ῥάβδος，計算 λόγος），の意味．あとの２種は，「掛け算のプロンプトゥアリオ」「チェス盤上で行われる位置算術」であるが，複雑で実際に使用されたのはまれである．

るので，17-18 世紀を通じて広く普及した[*5].

数学器具は他にも上記の数学の分類に応じて，大工定規，計量棒（葡萄酒樽の計量），砲弾計測器など様々作製された．なかでも比例コンパス（あるいは比例尺）は万能の数学器具として，今日のタブレット端末のように技術者必須の器具であり，西洋では 18 世紀に広範に用いられた．これはガリレオによって発明されたとされ（『幾何学的軍事的コンパス』1606），その後東洋にまでもたらされた．

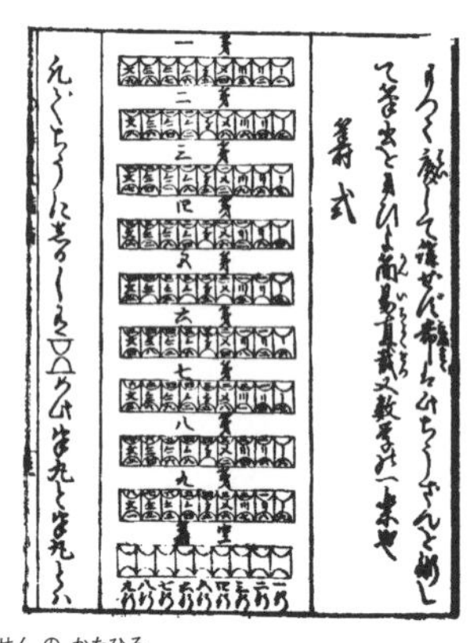

千野乾弘『籌算指南』（1767）

14. 4　数学の大衆化

18 世紀は多くのフィロマスを生んだ．地方在住の愛好者たちは数学を講義してまわる巡回教師を待ち望んだ．当初は物理や化学などの公開実験で始まった巡回教師たちの講演は，18 世紀末には英国各地に広まり，彼らは講義する傍ら，発売予定の自著の予約を各地の聴講者たちから取りつけていった．科学や数学の巡回講義や科学器具製作販売で多忙を極めたのはベンジャミン・マーチン（1704-82）で，イングランド中を巡回した．彼はまた廉価な科学啓蒙書を数多く出版し，それらはさらに

＊5　これはその後中国にもたらされ，縦棒が横棒に，斜線が半円に変更され，籌算という名前で知られるようになったが，ソロバンにとりかわることはなかった．ところが中国から日本にもたらされたときには，ソロバンは商売の道具で武士が持つのは潔くないとして，武士はこの籌算で計算するのがよいとされ広く普及したのか，それについて多くの手引書が書かれている（図および 15.1 参照）．

数学器具販売宣伝用トレーディング・カード
ダドリー・アダムズによる 18 世紀中頃のもの

A New and Comprehensive
SYSTEM
OF
Mathematical Institutions,
Agreeable to the
PRESENT STATE
OF THE
Newtonian Mathesis.

VOL. I.
Containing the Inftitutes, or Principles of
I. ARITHMETIC, Vulgar and Decimal.
II. LOGARITHMS.
III. ALGEBRA.
IV. GEOMETRY.
V. Of Plain TRIGONOMETRY.
VI. Of CONIC SECTIONS.
VII. FLUXIONS.

By Benjamin Martin.

LONDON:
Printed and fold by W. Owen, *Temple-Bar*, and by the Author, at his Houfe in *Fleet-ftreet*.
MDCCLIX.

A New and Comprehensive
SYSTEM
OF
Mathematical Institutions,
Agreeable to the
PRESENT STATE
OF THE
Newtonian Mathesis.

VOL. II.
Containing the Inftitutes, or Principles of
I. The *Phyfico-Mechanical* Mathesis.
II. Univerfal Optics.
III. Univerfal Perspective.
IV. Loxodromics, or Navigation.
V. Ballistics, or Gunnery.
VI. Horology, or Clock-Work.

By Benjamin Martin.

LONDON:
Printed and fold by W. Owen, near *Temple-Bar*, and by the Author, at his Houfe in *Fleet-ftreet*.
MDCCLXIV.

マーチン『新完全数学教程』2 巻（1759-64）
表紙には様々な数学分野が列挙されている

独語，仏語，伊語にも翻訳された．彼はもっとも人気のあった教師であり，サイエンス・ライターであり，オリジナルな研究こそないものの，英国で数学と科学の大衆化にもっとも貢献した人物の一人である*6.

18 世紀英国ではコーヒーハウスは単に娯楽や情報交換の場ではなく，商取引や公開講義が行われるところでもあった．ロンドンのいくつかのコーヒーハウスでは数学の講義がなされていたが，なかでも最も重要なのは，航海関係者のたまり場であった「マリン・コーヒーハウス」である．そこでは 1698 年に数学（幾何学と機械学）の公開講義のためジョン・ハリス（1666?-1719）が雇われ，講義は 1707 年まで続いた．彼は英語による最初の技芸（アーツ）と科学の事典『レクシコン・テクニクム』（1704-10）を発

＊6　彼の作製した科学器具は，顕微鏡，望遠鏡，計測器具など．また 1755 年以降は月刊科学百科事典を 120 号まで分冊で出している．

行し，その後のこの種の事典の先鞭を着けた[7]．次いで巡回教師でもあったウィリアム・ホイストン（1667-1752），ジェームズ・ホジスン（1672-1755），ハンフリー・ディットン（1675-1715）など有名教師がその職を引き継いだ．彼らはまた学術世界とも関係を持ち（ホイストンはかつてケンブリッジ大学ルーカス教授職に就いていた），受講者が船員や一般大衆だけではないことを教えてくれる．

この頃印刷文化の浸透とともに大衆は読み物を求めたので，多くの雑誌やオールマナック（暦）が出版され始める．そこにも数学が登場することを次に述べよう．

14.5 女性と数学──『レディーズ・ダイアリー』の普及

歴史を振り返ると女性が数学に関わることはきわめて少ないと言える．著名な数学者として数学史書に見えるのは，古代アレクサンドリアのヒュパティア，18 世紀ミラノのアニェージ（1718-99）（**13.7** 参照），19 世紀のソフィ・ジェルマン（1776-1831）とソフィア・コワレフスカヤ（1850-91），20 世紀初頭ドイツのエミー・ネーター（1882-1935）など数えるほどしかいない．これはもちろん女性に数学教育が閉ざされていたことが大きな原因であろう．

しかし 18 世紀になると一般女性も数学に関心を向け始めた．英国では 1704 年に『レディーズ・ダイアリー』という女性向き雑誌が刊行された[8]．これは英国ハノーヴァー朝前半をほぼ覆う 136 年間（1704-1840）

＊7 『レクシコン・テクニクム』の原義は技術辞典であるが，内容上は科学技術百科事典と考えればよいであろう．『エンサイクロペディア・ブリタニカ』も副題は「技術（アーツ）と科学（サイエンス）の辞典（ディクショナリー）」である．

＊8 正式名称は，『貴婦人の日記（レディーズ・ダイアリー）：あるいは，わが君主（ここに具体的年号が入る）年用の婦人（ウーマンズ）のオールマナック．とりわけ女性（フェア・セックス）の使用と気晴らしのために収録された多くの魅力的で面白い事柄を含む』．オールマナックとは暦のこと．

もの長期にわたって刊行されつづけた年刊雑誌である．1707年からそこに算術問題が掲載され，それが好評で，その雑誌は18世紀中頃には紙面全体の半分を数学問題が占めるようになり，世紀後半には半ば数学雑誌といえるものに変容していくのである．早くも1717年には『レディーズ・ダイアリー』の売上は他の雑誌を抜きん出て，18世紀中葉には年間3万部もの売上があり，英国で最大発行部数を誇る雑誌のひとつになっていった．それが数学雑誌でもあったことはきわめて重要である．

マーガレット・ブライアン（18世紀末–19世紀初頭に活躍）とその娘達　ブライアン女史はロンドンに女子学校を設立し，数学や科学を教えた．『天文学体系概略』（1797）のこの図版には多くの科学器具が見える

当初，女性は台所，居間などで一人きりで，一種の「なぞなぞ」として掲載された素朴な算術問題に解答して時を過ごした．社会進出の困難であった環境で「気晴らし」に数学を楽しんだのである．問題が解けたらその解答を雑誌編集者に送ることで，次号に正解者として名前が掲載されるという栄誉も与えられた．

そこでとりあげられた数学問題は，読者である数学愛好家によって育て上げられていく．女性向きの雑誌の体裁ではあるが，唯一の数学雑誌でもあったので，実際には読者は必ずしも女性だけではなかった．男性読者の中にはまったくのアマチュアもいれば，初等数学の使用者（数学教師，測量士など）もいた．とはいえ彼・彼女らは大学と無縁の存在であったことは強調されるべきであり，大学で議論された数学とこういった大衆数学とは，英国のみならず当時のヨーロッパでも明確に分離していた．

次に『レディーズ・ダイアリー』の数学問題を見ておこう．

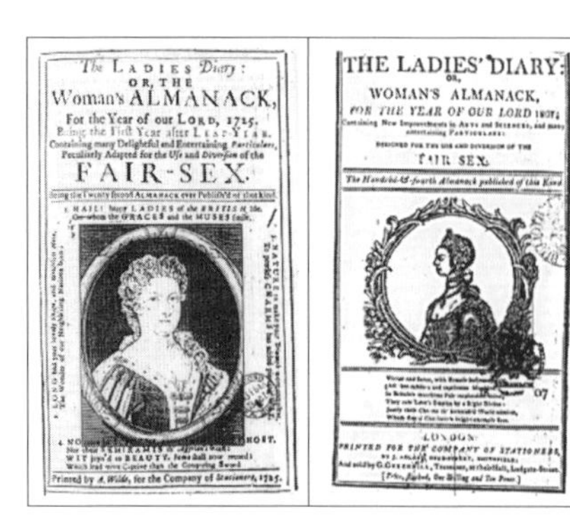

『レディーズ・ダイアリー』（1725, 1807, 1840, 1841）表紙の変遷
王女の顔が描かれている．1841 年からは『ジェントルマンズ・ダイアリー』と合体した（右端）

初期の問題の多くは脚韻を踏んでいた．このことは今日から見ると奇妙かもしれないが，韻文はリズミカルで暗唱しやすく親しみやすく，とりわけ女性に好評であった．1713 年のサラ·ブラウンの提出した問題 29 も韻文で書かれた他愛ないものである．

私は愛しい人に尋ねました．
いつあなたは結婚しようと思うのですかと．
彼女は今はまだ若過ぎますと声を上げました．
そしてまだ何年か今のままですと．
ではどのくらいたてばいいのですかと私は尋ねました．
すると，私の年齢がそれ自身に掛けられ，
（9 分の一減らして，3 分の一加えると）
九百に九足らない，とお考えください．
お願いです，貴婦人の方々．どうか私にお教えください．
彼女が何歳のとき私達は結ばれるのでしょうか．

この答は 27 歳である．初期の問題の多くはこのような算術問題であったが，その他は次のように問題を分類できる．算術，計算（四則，比例計算，開平・開立法，指数計算，組合せ，幾何数列，対数，複利計算），平面幾何学（相似，ピュタゴラスの定理，面積計算），三角法（三角関数），天文学・地理学（表を用いた太陽高度計算，星の位置計算，緯度計算），一元方程式，立体幾何学（体積計算，プラトンの正多面体）．以上から当時の大衆数学の内容がわかる．微積分学は含まれていないのである．

しかし，読者数が増えるにしたがい，18 世紀中頃から掲載問題の難度が上昇し，流率法や機械学に関する数学問題も出題されていく．数学教育を受ける機会の少ない女性がこれら高等数学への解を与えるのは実際には困難であった．こうしてこの雑誌の読者層は男性が大部分を占めるように変容していった.当時大学入学に許可されていたのは英国国教徒に制限されていたので，この雑誌は非国教徒の若者に好評で，後に化学者として著名になるドールトン（1766-1844）も愛読者の一人であった．1775 年と 1817 年にはそれまでの数学問題がまとめて刊行され，それ自体も多くの読者を得た．こうして 18 世紀英国数学は『レディーズ・ダイアリー』が脚光を浴びる時代であったと言うこともできる．

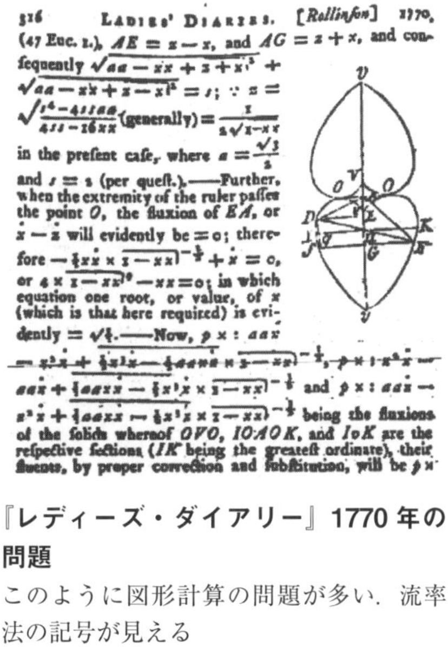
316　LADIES' DIARIES.　[Rollinson]　1770.

(47 Euc. 1.), $AE = z - x$, and $AG = z + x$, and consequently $\sqrt{aa - xx + \overline{z+x}^2} + \sqrt{aa - xx + \overline{z-x}^2} = s$; ∵ $z = \sqrt{\frac{s^4 - 4ssaa}{4ss - 16xx}}$ (generally) $= \frac{1}{2\sqrt{1-xx}}$ in the present case, where $a = \frac{\sqrt{3}}{2}$ and $s = 2$ (per quest.).——Further, when the extremity of the ruler passes the point O, the fluxion of EA, or $\dot{x} - \dot{z}$ will evidently be $= 0$; therefore $-\frac{1}{2}x\dot{x} \times \overline{1 - xx}^{-\frac{3}{2}} + \dot{x} = 0$, or $4 \times \overline{1 - xx}^{3} - xx = 0$; in which equation one root, or value, of x (which is that here required) is evidently $= \sqrt{\frac{3}{4}}$.——Now, $p \times : aa\dot{x} - x^2\dot{x} + \frac{1}{4}x^2\dot{x} - \frac{1}{4}aax\dot{x} \times \overline{1 - xx}^{-\frac{1}{2}}$, $p \times : x^2\dot{x} - aa\dot{x} + \frac{1}{4}aax\dot{x} - \frac{1}{4}x^3\dot{x} \times \overline{1 - xx}^{-\frac{1}{2}}$ and $p \times : aa\dot{x} - x^2\dot{x} + \frac{1}{4}aax\dot{x} - \frac{1}{4}x^3\dot{x} \times \overline{1 - xx}^{-\frac{1}{2}}$ being the fluxions of the solids whereof OVO, $IOAOK$, and IoK are the respective sections (IK being the greatest ordinate), their fluents, by proper correction and substitution, will be $p \times$

『レディーズ・ダイアリー』1770 年の問題

このように図形計算の問題が多い．流率法の記号が見える

19 世紀中頃になると『レディーズ・ダイアリー』は専門的数

学としばしば結びつくことになり，王立協会の雑誌『フィロゾフィカル・トランザクションズ』の専門論文を再録することも増えた*9．すでに読者としてプロフェッショナルな科学者をも取り込んでいたのである．

では18-19世紀の大学の数学の状況はどうであったのか．次にそれを見ておこう．

14.6 大学の数学教育

スコットランドでは18世紀に経験主義哲学（「コモンセンスの哲学」）が流行していた．彼らによれば，数学は常に経験と結びつき，したがって虚数や負数は経験から離れているので認められなかった．実際英国ではそれらを巡って議論百出していた．図形は常に推論上のチェックを感覚に対して継続して行うので，幾何学こそ確実な学問であるとされた．こうして人間の知力を発展させるため幾何学が教育において重要となり，若者への教養科目としての幾何学という考え方が生じた．

エジンバラ大学数学教授ジョン・レズリー（1766-1832）は次のようなことを述べている．数学の研究には2つの主要な目的がある．まず数学によって図形や量の美しい関係を発見する目的であることができることである．次に数学は忍耐力と推論力の訓練に役立ち，そのため教養教育で古代ギリシャ幾何学こそ強力に推薦されるべきであるとされた．数学の問題は確かに代数計算で解けるかもしれないが，しかしそのような人工的方法は精神には何ら永遠の刻印は残さない．つまり総合幾何学的思考法が代数的思考法に優先されたのである．こうして幾何学は，精神力と忍耐力と推論力の訓練のための必須科目とされたのであった．

＊9　たとえば1838年再録の「ホーナーの方法」（1819年のホーナーの論文である高次代数方程式の近似解法）など．

当時英国の大学は，ケンブリッジ，オックスフォード，グラスゴー，アバディーン，セント・アンドリューズ，エジンバラ，そしてダブリン(1801年にアイルランドは英国に併合された)の7大学があるにすぎなかったが，そこで教えられていた数学の背景にはおおかた以上のような数学観が見られた．したがって大学教育で扱われる数学は古典幾何学が中心となり，古代ギリシャ数学の復興の機運がここでも生じた．グラスゴー大学数学教授ロバート・シムソン（1687-1768）は，すでに微積分学が成立しつつある時代においてもなおエウクレイデス研究に一生を捧げたが，彼がギリシャ語から英訳した『原論』（1756）は，教育現場でその後英国ならず全世界でも広く読まれ続けることになった．こうして英国の大学では古典幾何学が支配していったのである．

他方大陸では解析の応用である解析力学や天体力学がおおいに展開していたので，それと比較して英国では科学や数学の衰退論が主張され始めた．大陸数学には無縁であった英国の現状に改革を迫るため，ケンブリッジ大学のチャールズ・バベジ（1791-1871）らは19世紀初頭に「解析協会（アナリティカル・ソサエティー）」を結成し，パリのエコール・ポリテクニク数学教授シルヴェストル・フランソワ・ラクロア（1765-1843）などによるフランスの新しい解析学の導入をはかった．こうして英国数学は19世紀中葉になりようやく大陸に追いつく準備が出来るのである．他方教育においては，古典幾何学を中心とする方針はその後も20世紀初頭まで継続することになる．

14.7　大衆数学の意味

以上の数学教育観は大学に限定され，大学外の教育現場では実用数学が広く教えられていた．なかでも重要なのはロンドン郊外に1741年に設立されたウリジ軍事学校である．そこでは軍事上必須として実用数学が教えられ，その数学教授は教育に貢献したのみならず，多くの実践的数学書を公刊し，数学の大衆化に多大な影響を及ぼした．その影響力の大きさたるや，公刊書のなかにはアラビア語やトルコ語やさらに日本語などに翻訳されたものまである．

その数学教授の代表はチャールズ・ハットン（1737-1823）である．彼の『数学教程』全2巻（1798-1801）は数学入門書としてたいそう評価され，多くの版（12版）を重ねた．彼は王立協会の要職に就いていたが，会長バンクスの不評を買い*9，以降王立協会とは縁を切る．ハットンを支持した少なからずの数学者も，論文をロンドン王立協会ではなくエジン

1741-43	デラム	(-1743)	最初の数学教授
1743-61	＊シンプソン	(1710-61)	優れた流率法解説書『流率法の理論と応用』(1750) 執筆
1761-73	コウリー	(1752-68 活躍)	多くの図版付教科書執筆
1773-1807	＊ハットン	(1737-1823)	『日用簿記』(1878) の和訳がある
1807-21	ボニーキャッスル	(1750-1821)	多くの教科書執筆
1821-38	＊グレゴリー	(1774-1841)	多くの教科書執筆
1838-55	クリスティー	(1784-1865)	オークション会社クリスティーズの息子で磁気論専門
1855-70	シルヴェスター	(1814-97)	他の教授とは異なり唯一世界的数学者となる

ウリジ軍事学校数学教授

＊印は『レディーズ・ダイアリー』編集長経験者

＊9　ジョセフ・バンクス（1743-1820）は博物学に多大な貢献をし，当時の英国の海外進出に乗じて科学探検を数多く組織した18世紀を代表する学者である．1778年から41年間王立協会会長職にあって，英国科学の動向を決定づけた．（次頁へ続く）

バラ学術協会で発表することになる．また当時軍隊はフランス軍がモデルであったので，英国アカデミズムの数学とは異なり，軍事学校の数学はフランス数学の影響も受けている．すなわち英国の数学が大陸と隔たっていたのは，大学という狭い領域においてのみであったとも言えるのである．

14.8　18 世紀英国数学の特徴

高等数学や研究者の数学を対象として 18 世紀英国数学を見ると，たしかに 19 世紀初頭まで英国では数学が衰退していたと言える．しかしながら『レディーズ・ダイアリー』が多くの読者を得たことは，とりもなおさずこの時期英国では大学外において数学は大変盛況であったと言うことができる．その数学は独創的なものではないが，実用数学もあれば気晴らしの数学もある．

THE
Gentleman's Diary,
OR THE
MATHEMATICAL REPOSITORY;
An ALMANACK
For the YEAR of our LORD 1747.
Being the Third after BISSEXTILE, or LEAP-YEAR.
Containing many uſeful and entertaining Particulars, peculiarly adapted to the ingenious Gentlemen engaged in the Study and Practice of the
MATHEMATICKS.

The Seventh *Almanack* ever publiſh'd of this Kind.

——— Quâ causâ argentea Phœbe
Paſſibus haud æquis graditur; cur ſubdita nulli
Hactenus Aſtronomo numerorum fræna recuſat:
Cur remeant Nodi, curque Auges progrediuntur.
——— Quantis refluum vaga Cynthia pontum
Viribus impellit; dum fractis fluctibus ulvam
Deſerit, ac Nautis ſuſpectas nudat arenas,
Alternis vicibus ſuprema ad littora pulſans.

LONDON,
Printed for the Company of STATIONERS.
MDCCXLVII.

『ジェントルマンズ・ダイアリー』(1747)
『レディーズ・ダイアリー』の影響で数々の新しい数学雑誌（年刊）が公刊された．

『レディーズ・ダイアリー』に掲載された問題は主に計算問題で，証明問題はほとんどない．当時英国では生命保険，金利，航海天文などにおける計算数学の発展が顕著であった．対数表とコンピュータ（本来は計算に関わる仕事をする人を意味し，18-19 世紀は女性が計算の仕事に雇用

（＊9の続き）　ハットンは軍事学校の多忙ゆえに王立協会の仕事がおろそかになり，バンクスから協会を脱退させられた．ハットンに同調した者もおり，英国におけるこの事件は，中央のエリートの博物学と，地方の中下層階級の数学天文学との対抗ともみなせ，学界における数学の衰退を招いた要因の一つでもある．

された）が活躍するのもこの時期であり，この流れが19世紀中葉のケンブリッジ大学教授バベジによる「解析エンジン」（今日のコンピュータの原型）考案に繋がることになる．

『レディーズ・ダイアリー』は数学愛好家のネットワークを英国のみならずヨーロッパ中に張り巡らすことに貢献した．数学の問題を解くことは個人的であるが，移動が容易ではなかった当時にあって，彼らフィロマスをこの雑誌が紙面上で結びつけたのである．その中でこの雑誌は若い読者層を獲得し，未来の数学者を養成することになる．後に著名な数学者となるトーマス・シンプソン（1710-61）もこの雑誌で数学の実力を磨いた．100年以上にもわたる雑誌刊行は数学問題を徐々に多様化し，こうして数学の適用可能性がますます拡大されていった．そこで作られた問題は今日でも練習問題として十分使用可能である．

『レディーズ・ダイアリー』の例は女性と数学との関係を考えさせてくれる．すなわち，当初編集者の気まぐれで女性向きに数学問題が提出されたが，それが女性に数学への関心を呼び起こし，それが連鎖的に広がっていったことは，女性と数学（教育）という今日も通用する問題を考える題材を与えてくれる．女性は数学にあまり関心を抱かない，あるいは向かないと言われることもあるが，それは正しいのであろうか．

そして最後に，『レディーズ・ダイアリー』は「気晴らし」としての数学の有様を見事に示してくれたことを強調しておこう．掲載されている問題の順に系統性はほとんどなく，読者は数学を学習するというのではなく，問題を解くということに喜びを見出したのである．こうして『レディーズ・ダイアリー』は，「数学の楽しみ」の本来の姿を我々に示してくれるのである．

学習課題

(1)　歴史上どのような女性数学者がいたかを調べてみよう．

(2)　数学器具にはどのようなものがあるかを調べてみよう．

(3)　総合幾何学的思考法と代数的思考法の違いは何かを調べてみよう．

(4)　「ネイピアの骨」で518×274を計算してみよう．

(5)　『レディーズ・ダイアリー』と次章で述べる和算との類似点を考えてみよう．

参考文献

18世紀英国の大衆数学を扱った参考書はないので論文もあげておく．

・リン・M. オーセン『数学史のなかの女性たち』（吉村証子，牛島道子訳），法政大学出版局，2000.

　女性数学者を扱った本であるが，内容は古い．

・『科学大博物館装置・器具の歴史事典』（橋本毅彦，梶雅範，廣野喜幸監訳），朝倉書店，2005.

　科学機器の歴史事典で，数学器具も含まれる．

・塚原東吾（編）『科学機器の歴史：望遠鏡と顕微鏡』，日本評論社，2015.

・三浦伸夫「18世紀英国の女性向き数学学雑誌」，『数学のたのしみ』，日本評論社，2006，春号，12-36頁.

・三浦伸夫「楽しみとしての科学――18世紀英国の女性と数学」，『アスティオン』82号，2015，pp.124-137.

15 和　算

《目標＆ポイント》 和算は世界的に見てきわめて特異な内容と背景を持つ数学である．ここでは西洋数学と比較するため和算の歴史と特徴を概説する．
《キーワード》 洋算，算博士，算木，『塵劫記』，継子立て，傍書法，天元術，円理，遺題継承，算額，遊歴算家，町見術，東京数学会社

15.1 和算の誕生

本章では，和算とは，奈良時代に中国からもたらされ，その後江戸時代に大展開し，明治末まで続いた日本の縦書きの数学としておく[*1]．和算は他に，算，算術，算学などと呼ばれ[*2]，また数学者は一般的には算家と称されていた．

古代の日本ではすでに養老令（718）で大学寮（貴族の師弟の教育機関）内に算博士 2 名，算生（さんしょう）30 名を置くことが定められ，中国の算書『九章算術』などが学ばれていた．そこでは研究が行なわれていたのではなく，中国と同様に官僚の行政実務のための数学が教えられ，実用に供するため公式の暗記が中心であったと考えられる．やがて算博士は世襲となり，その職は形骸化していった．これ以降明治になるまで算術は陰陽（おんみょう）道とも関わることになり，術数や算木を用いて占術まがいのことも行わ

＊1　和算という言葉の初出は，現在わかっているところでは，有沢致貞（むねさだ）『籌算式』(1723) までさかのぼることができる．
＊2　「算」は「竹を弄（もてあそ）ぶ」を意味する「籌」であり，竹でできた木の棒を用いて計算したことによる．

れていたとも言われている．したがってこの数学が土着展開して新たな日本独自の数学を生み出すということはなかったと言えよう．ただし『万葉集』では，「八十一」「二五」をそれぞれ「くく」「とお」と読むことから，すでに九九が広く知られていたことがわかる．

計算道具は古代中国で考案された算木である．それはマッチ棒くらいの長さで，色分けされ，赤はプラス，黒はマイナスを示し，紙や木の上に並べて計算を行った．10進法で，位が変わるごとに算木の向きを変えて区別しているが，空位は算木を置かなかったので，混乱が起こることもあった．

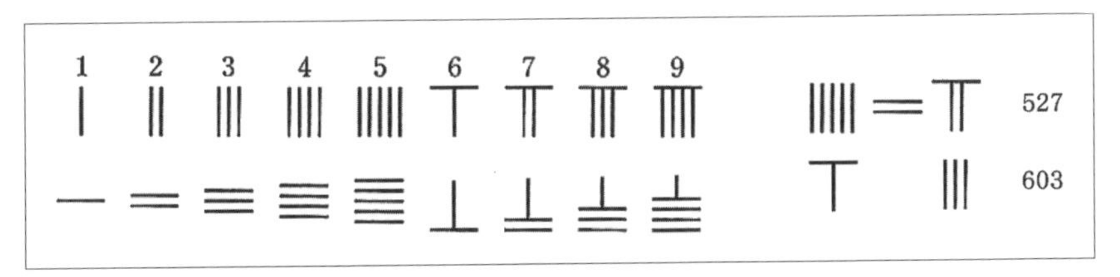

算木による数表記　空位は空ける

その後室町時代には中国で発明されたソロバンがもたらされ，広く用いられるようになった．ソロバンは簡便迅速に計算ができるので，経済活動が活性化し実用計算を必要とする社会状況がようやく生まれてきたまさにその時代に適合した器具であった．

安土桃山時代から江戸初期にかけて和算の揺籃期が訪れるが，この時期の和算に関しては今なお不明な点が多い．経済活動の展開とともに計算の必要性はさらに高まり，また秀吉の朝鮮出兵の結果として朝鮮半島を経由し中国の算書がもたらされたことが和算の再興に寄与した．

今日知られている最初の和算書は『算用記』（作者未詳，1600-20頃）である．そこではまず八算（はっさん）の説明があるが，これは除数が1桁の数で割るときの割り算の九九にあたるものである*3．次に出た算書は日常計算の具体例を述べた『割算書』(1622) で，京都で「天下一割算指南」の看板を掲げ和算塾を開いていた毛利重能の書である（当時ソロバンでの割り算の計算はきわめて複雑で，それを解する者はわずかであった)．以上両者は共に広く読まれていたようであるが，本来の書名は不明で，同種の書物が当時他にもたくさんあったと考えられている．しかし，それらは具体的問題とその解の羅列に過ぎず，系統だった数学書ではない．

15. 2 『塵劫記』

和算の伝統の基礎を作ったのは，毛利重能の弟子の一人吉田光由 (1598-1672) の『塵劫記』(1627) をおいて他にない．彼は京都嵯峨の豪商角倉一族の出身であり，その一族は河川改修，金融業，出版など多方面の事業を興し，また御朱印船の貿易にも関係していたので，『塵劫記』は東アジアという環境の中で成立したとも言えなくはない*4．『塵劫記』には絵が付けられたので，親しみやすく好評を博し，その後著者自身によって改訂が繰り返され (1629, 31, 32, 34, 41)，さら

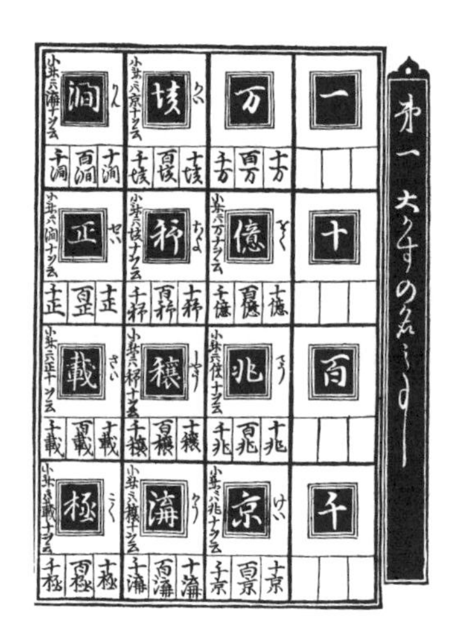

『塵劫記』(1631) の大数の名前

＊3　八算の最初は「二一天作五」で，10÷2＝5 の割り算の九九である．中国では「九帰法」であったが，1による割り算は不要として，日本では八算にした．

＊4　中国の程大位 (1533-?) の『算法統宗』(1592) が渡来し，『塵劫記』をはじめ初期の和算に多大な影響を与えた．

に海賊版までも出ている．その後も「〜塵劫記」という題の算書が明治までに400点近く出版され，塵劫記はさながら和算の代名詞となった．

「塵劫」とは仏教用語で長い時間を意味し，「この書物に載せる数学は塵劫たっても変わらない真理である」と述べられている．内容は，ソロバンによる四則演算，大数と小数の呼び方，単位，八算という基礎的項目から，日常の比例問題や，平面図形（検地），立体図形（容積）を求めるものまで実用的である．いくつかの問題には固有の名前が付けられ，今日まで伝承されているものも多い．ねずみ算，入れ子算，油分け算，盗人算などである．他方でこれらは数学遊戯にも属し，その点では実際的日常的な問題というわけではない．なかには米一粒を日に日に倍々にしていくと，30日たてば米粒の数はいくつになるか，という架空問題もある（**7.4**の問題と類似）．

特筆に値する問題は「継子立て（ままこだて）」であろう．この問題はすでに『徒然草』などでも知られてはいたが，有名にしたのが『塵劫記』である．前

継子立て．『算法指南車』（1769）

妻の子（継子）と後妻の子それぞれ 15 人がいて，ある方式で並べて，10 番目ごとに抜き取り，最後に残った子に家督を相続するという．その際右回りで数えると前妻の子 1 人，後妻の子 15 人が残り，偏ってしまうので不公平となる．よって最後の前妻の子が今からは私から数えてくださいと言う．すると最後に残ったのは前妻の子となった．その際の並べ方が問われる．この問題が重要なのは，後に関孝和（?-1708）がこの問題に挑み，数学的議論（「算脱之法」という）を展開したからである．

吉田光由は最後に，これまでの『塵劫記』を大規模に改変して『新篇塵劫記』（1641）を公刊したが，巻末には解答を伏した 12 問を掲載した（この風習は当時「好み」と呼ばれた）．後続の人はこの問題（遺題という）を競って解き，さらに次々と連鎖的に新しく遺題を作り続けた．この習慣を「遺題継承」という．その中には数学のための数学と言うべき高度で難解な問題も増えていき，それを解く方法として，中国の朱世傑の書いた『算学啓蒙』（1299）の中に記述されていた「天元術」（算木と算盤を用いた一元高次方程式解法）が使われるようになった[*5]．こうして探求としての数学という潮流が生み出されていった．

15.3　関孝和

和算が自立して発展する基礎を固めたのは，後に「算聖」と呼ばれることになる関孝和である（「俳聖」と呼ばれた松尾芭蕉，西洋ではニュート

＊5　これは未知数（「天元の一」と呼ばれた）一つしか表すことが出来ず，また方程式の係数は整数に限られるという欠点を持つ．ただし小数は算木の位置で決まるので，整数と同じように取り扱われるという利点もある．いずれにせよ天元術は簡便なソロバンの普及により本場中国では消滅してしまった．しかし『算学啓蒙』は朝鮮では生き残り，秀吉朝鮮出兵の際日本にもたらされた．それが 1658 年に日本で出版され，その後すぐこの術を適用したのが沢口一之（生没年不明）の『古今算法記』（1671）である．

ンと同じ頃に活躍)．関家の断絶により関の事跡はほとんどわかっていない．多彩な数学研究をしていたことは弟子達の報告で知られているが，実際には生前に公刊された作品は『発微算法』(1674) のみである．しかもその書は問題と答のみしか記述しておらず，我々はその解法を弟子の建部賢弘 (1664-1739) による『発微算法演段諺解』(1685) の説明に頼らねばならない．関の刊行本は少ないので関と弟子達の業績の区別は困難ではあるが，「関の数学」と「関流の数学」とは区別されねばならない[*6]．

関孝和の貢献は独自の記号法 (ただしこれが関一人の創意であるかははっきりしない) を確立したことである．それは「傍書法」と呼ばれ (後に「点竄術」とも呼ばれる)，それによって数式処理が飛躍的に容易になり，解法が簡潔に記述できた．こうして公式が次々と発見されることになり，関によるこの記号法の発見は和算を飛躍的に発展させた．彼はまた，算木で天元術を使用するとき一元のみしか扱えないという欠点を超克し，多元方程式における複数の未知数を消去する手法を確立し (そのような問題を「伏題」という)，筆算による記号代数学を成立させた．それによって，問題そのものに対して総体的に取り組むことができ，解法を予測でき，さらに「病題」(複数の解がある問題，条件を満たす解がない問題) に条件を加えて通常の問題に変換する手順を示すことができた．和算におけるパラダイム[*7]の成立である．ここにおける和算はもはや遊戯数学などではなく，本格的専門的数学と言えるので，それ以前の実用数学とは区別されるべきである．

このパラダイムは18世紀前半には定着し，関流はその後，和田寧

＊6　没後弟子達によって刊行された『括要算法』(1712) も関孝和の作品とされている．

＊7　paradigm. ある時代に支配的な考え方の枠組み．科学史家トマス・クーン (1922-96) が主張した概念．

(1787-1840) の「円理豁術」において絶頂期に達する.「円理」とは, 円や球などの周長, 面積, 体積に関する算法で, 円理豁術は積分公式を無限級数展開で求める算法である.

15. 4 和算の記述法

和算では計算にソロバン, 算木, そして筆算が用いられた. 算木は古代の使用法から改良され, 算盤と呼ばれる方眼状の紙や布の上に置かれ, 桁の表示が明白になった. この算盤は日本で発明されたものでソロバンとは区別する必要がある. さらに零記号を表す○も用いられ, 赤黒の色分けは面倒なので, 負数は最高位の数字に斜線を引く方式が採用された.

天元術の場合, 複数の未知数を消去し一元方程式を立て, それを算木と算盤を用いて計算した.

万	千	百	十	一	分	厘	級
							商
	𝍢	𝍪	𝍨	𝍩			実
			𝍣	𝍥			法
							廉

算盤上の算木（3291÷46）

算木による新しい表記法

15.1 の図からの発展に注意

筆算については, 傍書法が成立した以降もいくらか改良され, 流派によって若干異なるが, おおかた次ページの図のような記号が用いられた.

和算には等号, 平方根記号などはない. したがって方程式の解の公式を導くのは容易ではない. 未知数は通常, 甲, 乙, 丙, …で表されるが, 具体的単語でもいいので, それを用いるとわかりやすいという利点もあ

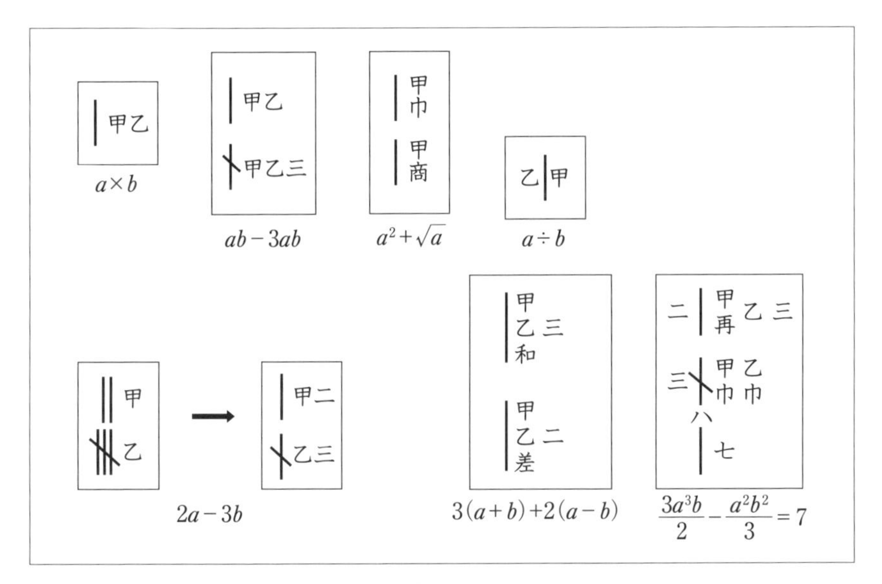

傍書法

る．

和算書の記述には特徴的な形式がある．まず「今有（いまあり）」で数値を含む問題が提示され，その後「答曰（こたえていわく）」でその答の値のみが具体的に示され，その後「術曰（じゅつにいわく）」で答に至る計算法が示される．次のページの図の問題は，平方の１辺＝a，立方の１辺＝bとおくと，$a^{\frac{2}{3}}+b^{\frac{3}{2}}=31$，$a+b=17$が成立するという．このとき$b$の答は９となり，「術曰」（ここでは「矩曰」）で方程式導出法が説明されている．しかし一般的には「術曰」では詳しい説明がされることはない．

ここでは次元が異なる数値の加減法が見られ，次元概念は希薄である．また虚数概念はなく，また解として負の数が出てくる場合もあるが，それは解とは認められない．和算のこの記述法は中国に由来し，和算自体17世紀には中国数学から独立して展開していったにもかかわらず，この特徴は結局保持されたままであった．多くの和算書は個別の具体的問題が次々に掲載されていくだけで，問題の集成という形式をとる．読者は問題を通じてその背景にある手法を帰納的に学び取らねばならない．高度な問題を次々と作成していくには問題の作成法が必要であるが，その手法をあえて明示した著作はきわめてまれである．古代ギリシャが解法の発見法を隠したように，両者とも楽屋裏を隠したと言える．

会田安明『算法天生法指南』（1810）の問題

天生法とは，最上流で点竄術に相当する方法．未知数は混沌と呼ばれている．

15. 5　和算の大衆化

江戸後期（1730 年頃）から和算は広範に普及していくが，その要因には和算独特のシステムがある．

まず 18 世紀頃から，和算家のなかで家元制度が組織されていったことがある．優れた和算史研究家の三上義夫（1875-1950）は，和算は芸道の一種であると主張する．実際，和算は趣味や道楽として学ばれるようになり，またそこに流派が存在し，弟子達によって伝承されていく有様は，華道や茶道と同じ文化に属すると言える．さらに術としての和算は，特殊技法の習得で初めて成立することを考えれば，この芸は技芸でもあり，西洋数学のアルス（技芸）に通

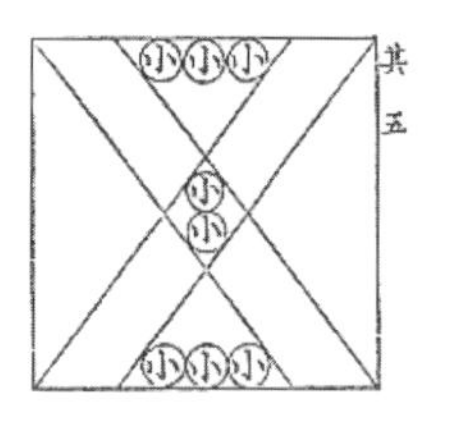

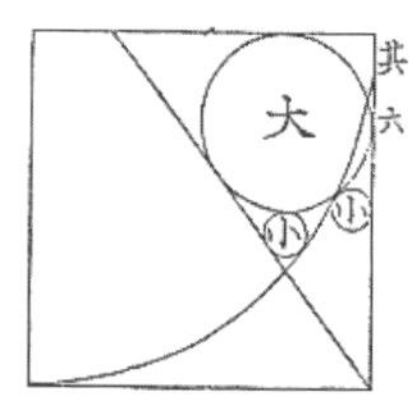

鈴木円『容術新題』（1878）

正方形内の小円の半径がすべて同じ値になる 100 題が収められている．容術とは，多角形や円に，多角形や円を内接させる方法．

じるとも言えよう．ところで最大の流派はもちろん関流であるが，他に会田安明（あいだやすあき）（1747-1817）を始祖とする最上（さいじょう）流が有名である．流派ごとに派閥意識があり，独自の免許皆伝もあり，そこには競争心も垣間見られる*8.

外部向けには算額奉納による宣伝効果がある．算額とは木製の数学絵馬のことで，問題が無事に解けたことで神への感謝の意味を込め，問題と解答とを付けて神社仏閣に奉納された．問題には奇抜で美しい幾何学的図案が好まれ，またきれいに彩色されたので人目を惹き，参拝者へ誇示する意味もあった．こうして一般衆人にも和算の存在が広く知れ渡っていくのである．算額は1000点弱が現存するが，それらが掲げられたのは19世紀が多い（したがって明治初期も）．

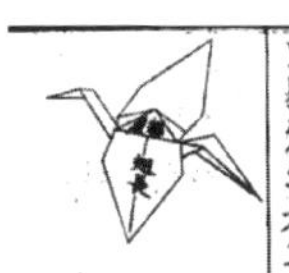

東嶽先生著算法身之加減之術以代跋
今有如圖折鶴只云翅横一寸問翅長幾何
答曰翅長一寸七分四釐八毫三絲〇忽二微八纎七沙有奇
術曰置五分開平方名極以減一箇餘開
平方加極及五分束翅横得翅長合問

佐久間纘『当用算法』（1853）の折鶴問題

羽の幅（翅横）が1のとき，翅長はいくらかを問う．答は1.74830287.

和算を本格的に学びたい人には都会には和算塾があったが，地方ではそうはいかないこともあった．そのため地方を旅して和算を教える者が

＊8　関流が整備されたのはのちの山路主住（ぬしずみ）（1704-72）頃であり，そのとき免許は5段階であった（見題（けんだい），隠題，伏題，別伝，印伝）．関流が拡大したのは，情報収集の中心地の江戸に本拠を置き，関は下級役人，建部は幕臣であること，さらに弟子達に社会的高位についた者も多かったからであろう．同門には幕府天文方の山路主住，久留米藩主の有馬頼徸（よりゆき）（1714-83）などもいる．

いた．彼らは今日「遊歴算家」と呼ばれている．こうして中央の和算情報が遠く離れた地方の農村部まで行き渡り，各地で和算が興隆した．和算の大衆化である．著名な遊歴算家には全国をまわった山口和（?-1850）や，北関東・新潟から北九州まで訪ねた佐久間纘（1819-96）がおり，彼らは道中日記を残し，そこから当時の和算家ネットワークが読み取れる．

印刷術の興隆は数学の展開に大いに資することになる．遺題を載せた『塵劫記』の出版によって和算書ブームが到来した．通常和算を学ぶ場合，ソロバン，天元術，傍書法の順であったので，多くの和算教科書はこの順に記述されている．ソロバンによる計算方法では割り算が難解なので，おおかたその説明に費やされている．その結果多様な数学問題が作り出され，問題が次々と新しい問題を生んで発展していった．こうして和算は私物から公共化し，相互批判の中で研鑽を積み上げながら進展していくようになった．

15.6　実用数学としての和算

和算は遊びや趣味だけにとどまらず，暦，測量とも関係し，したがって施政方針や国防とも結びついていたことも指摘しておかねばならない．

中国では「測天量地」（天を測り地を量ると言う意味で，「測量」の語源）という言葉があり，為政者はそのもとに時空を支配し民を治めた．測量術は，町や土地を測ると言う意味で「町見術」，「量地術」などとも呼ばれていた．さらに大工術である「規矩術」を含むことがある（規はコンパス，指矩は直角定規）．享保時代（1716-35）に徳川吉宗は新田開発を奨励したので，測量が本格的に行われるようになった．地方の農村部では，徴税や治水土木工事のための測量が求められ，それらに関係する「地方算法」があり，鉱山発掘でも測量は重要な役割を果たした．中央では，幕府は「国絵図(くにえず)」を5度も各大名に命じたので，地図作製のための正確な測量法が必要となった*9.

「紅毛流測量術」は17世紀中頃に長崎に来たオランダ人が伝授したと伝えられ，コンパスや規矩元器（方位を測る器具）などの器具を用いて測量する方法である．そこには様々な流派が存在したが，測量にもとづく地図作製は軍事に関わることにもなるので秘術とされることもあった．のちに幕府天文方(かた)は，改暦の必要性から数学知識を必要とし，より精確な計算を行うため西洋数学を受容し，その結果，三角関数表や対数表なども用いられるようになった．

15.7 西洋との出会い

和算は日本独自の文化であるとはいうものの，奈良時代といい『塵劫記』の時代といい中国の影響なしでは和算はあり得ない．その後吉宗の治世には漢訳された西洋数学が大規模に輸入され，和算に少なからずの影響を及ぼすが，その多くは暦学に関する数値天文計算であり，宇宙体系や解析力学といったものではない．

西洋との直接の出会いを3人の例で見ておこう．イングランド人ウィリアム・アダムズ（三浦按針　1564-1620）は将軍家康の寵愛を受け，家康に数学を教えたことが知られている．この当時ロンドンでは船員向けの数学教育が興隆し，アダムズもそこで学んでいた可能性は多分にある．江戸初期にはジェノヴァ人のイエズス会宣教師カルロ・スピノラ（1564-1622）が京都南蛮寺にアカデミアを創設し，おそらくは数学や天文学の講義を行った可能性もある*10．日本人と西洋数学との出会いは，ライデ

＊9　関や建部は国絵図に関係し，伊能忠敬（1745-1818）も多くの和算や測量術の書物を有していた．

＊10　スピノラ達は1612年11月3日長崎で月食観測を行った，という記録が残っている．

中田為知『量地幼学指南』(1857)の測量

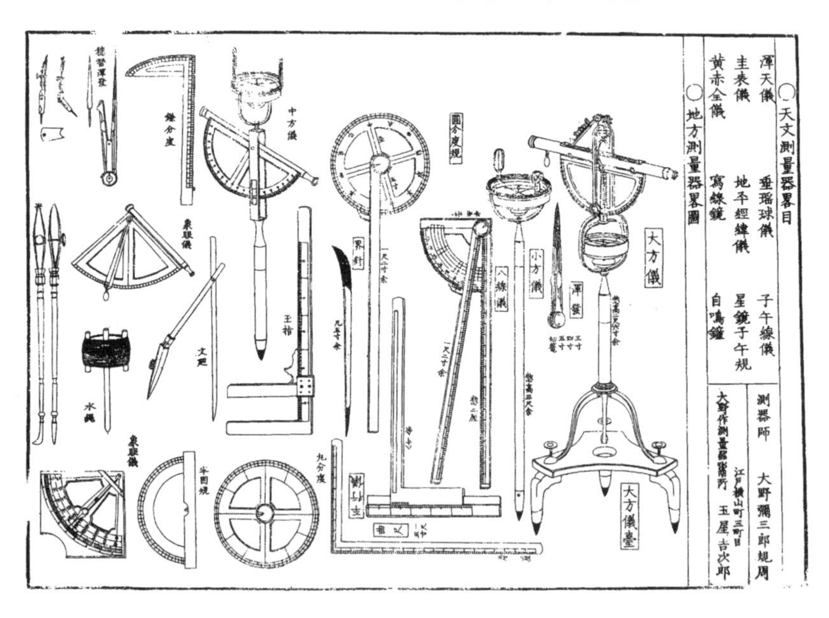

大野弥三郎「測量器具引札」『量地図説』(1852)

ン大学で数学を学んでいた日系オランダ人ペーター・ハルツィンクがいる（**10.4** 参照）．しかし残された資料がわずかで上記3例の詳細は不明である．

江戸末になると蘭学が興り，オランダ数学（蘭数という）がもたらされる．中にはオランダ人と直接通訳を通じて天文暦数について議論した者もいるが，多くは書物を通じて学んだようである．したがって西洋数学は，中国を介しての漢訳によって（1720年代）と，オランダから直接オランダ語によって（1770年代）との2経路から日本に持ち込まれたことになるが，幕末になると後者にシフトしていく*11．1855年には長崎の海軍伝習所で，オランダ海軍士官によってオランダ語で（通詞（つうじ）を通じて）実用数学，測量術が講じられ，1863年には開成所数学局で洋算が教えられている．関流宗統（最高の位）の内田五観（いつみ）（1805-82）は瑪得瑪弟加（まてまてか）という名前の私塾を開き，多くの門人を育て上げ，盛んに蘭書の翻訳を行った．

オランダ数学をもとにした初の西洋数学入門書の刊行は，柳河春三（しゅんさん）（1832-70）による縦書きの『洋算用法』（1857）である．洋算という言葉はここで初めて用いられたという．彼はのちに幕府開成所教

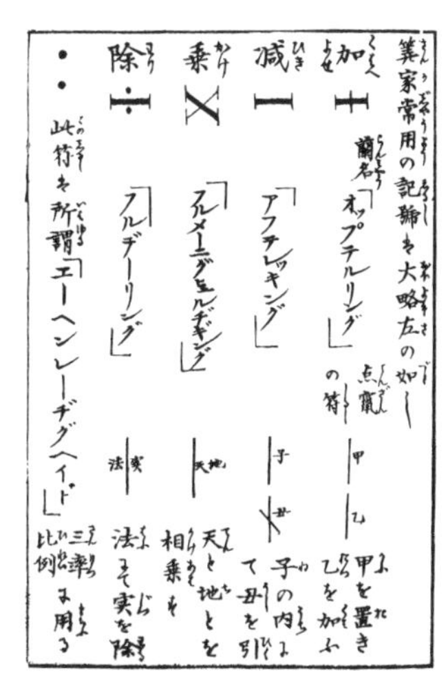
算家常用の記號を大略左の如し
加 ＋ 蘭名「オップテルリング」 点竄の符 甲｜乙 甲を置き乙を加ふ
減 － 「アフテレッキング」 子｜丑 子の内にて丑を引く
乗 × 「ブルメニグヒルヂギング」 天｜地 天と地とを相乗す
除 ÷ 「ブルデーリング」 法｜実 法にて実を除く
∴ 此符を所謂「エーヘンレーデグヘイト」 三率比例に用ゆ

柳川春三『洋算用法』

＊11　三角法は，梅文鼎（ばいぶんてい）の『暦算全書』（西洋数学を中国語に編集したもの）の漢文訓点訳（1730）と，オランダ通詞志筑忠雄（しづきただお）（1760-1806）がオランダ語から訳した『暦象新書』（1802）の2つの移入経路がある．三角関数表は「割円表（かつえんひょう）」と呼ばれ，1830年代からとりわけ航海術に用いられた．

授となり数学等を教えたが，本来はジャーナリストと呼びうる人物である．和算は技巧において洋算に勝るが，航海術・測量術については洋算が優れているので，今の時勢では洋算の習得が急務である，ということがその序文で述べられている*12.

明治5年8月3日政府は学制を導入し，「算術　九々数位加減乗除但洋法ヲ用フ」とした．すなわち教育には和算ではなく洋算を採用することとした*13．学術導入に際し，西洋数学の科学技術への応用の重要性がようやく認識されたのである．その後研究面では，イギリス留学から帰国した菊池大麓（だいろく）（1855-1917）が1877年東京帝国大学で西洋数学担当教授に採用され，さらに同年日本初の学会である東京数学会社（後の日本数学会）が創設された（ただし会員はまだほとんど和算家であった）．こうして制度的にはもはや和算は排除されたかのように見える．しかし実際には和算はすぐには滅びることはなく，その後も明治時代を通じて多くの和算書が出版され和算塾が設立された．とはいえ，やがて明治末頃には和算家の老齢化と共に自然消滅を迎えることになる．

15.8　和算の特徴——西洋と比較して

和算の特徴としてもっともよく取り上げられるのが論証性の欠如である．エウクレイデス『原論』が日本にもたらされたとき，当初その論証数学はまったく理解されなかった．しかし和算を数学としてみる限りそこに論理的説得性がなかったとは言い切れないであろう．書物としての

---

*12　当時オランダでは大学には数学教授の正規ポストはなく，一般的に数学と言えば純粋数学ではなく実用数学を指した．したがって当初日本に導入されたものもこのようなオランダ実用数学であった．

*13　当時はそれぞれ日本算術，洋法と呼ばれた．ただし議論の末ソロバン（この頃に珠算と呼ばれるようになる）だけはその後も存続されることとなった．

和算書には，西洋的論証はその表現形式もなく収められなかったのである．

和算は縦書きの数学であり，そのために独自の記号法が開発された．しかしその記号法の欠点（未知数の次数，係数が整数に限定など）が必ずしもすべて克服されることはなかった．したがって後期の無限級数展開などの議論は，厳密性を犠牲にして数的処理に終始することになる．数学の概念に限れば，関数や座標概念が欠如していることが挙げられる．したがって解析的研究は困難で，計算数学においては特異に発達したが，その枠を出ることはできなかった．

西洋では数学は近代以降自然科学，とりわけ天文学や力学と密接に関係して展開したが，和算には自然科学との関係は見られず，応用も暦の計算や測量に限られていた*14．

以上和算の特徴を3点取り上げたが，これらは和算の欠点というものではない．むしろこのような特徴があるからこそ，世界中の他の文化圏ではあり得ない程独特な内容の数学が展開できたのである．

社会的制度についても触れておこう．概して和算は大衆には趣味であり，また一部の下級役人には為政上の業務に必要であった．前者は家元制度，後者は幕府の部署がそれを支えた．和算は一部の藩校でも教授されてはいたが，古代から制度上存続し続けた算博士はすでに有名無実であり，西洋のようなアカデミーや大学などの高等研究機関は存在しなか

＊14　このことは一般に西洋近代科学成立以前にはどの世界にも見られる現象でもある．ただし和算には例外もあり，すでに山田正重『改算記』（1659）は数表と図を用いて弾道学を議論している．そこでは弾道がグラフのような線で描かれているが，それが座標概念に発展されることはなかった．本格的な議論は野沢定長（ていちょう）『算九回』（1677）によるが，そこでは弾道が二次式（放物線）になることが暗示されている．しかしその後，日本は銃を禁止するようになったので，弾道学への関心はなくなった．

ったため，研究は個人的なものでしかなかった．多くの和算家がいようとも，和算は制度上では社会的に認知されていたとは言いがたい．

とはいえ和算は過去の遺物に過ぎないのではない．そこには今でも有用な多くの興味深い問題が潜み，残された和算書を通じて我々に問題を解くことの楽しさを教えてくれるのである．

学習課題

(1)　西洋数学と和算の類似点，相違点を確認してみよう．

(2)　$5a^4b^2-\frac{2}{3}a^3b^3-7ab^2=15$ を傍書法で書いてみよう．

(3)　継子立て（**15.2**）を自分で確かめてみよう．

(4)　番号のついた石を円状に並べ，10番目ごとに取り除いていくと最後に残るのは何番目の石か．石の総数が2，3，4，…，15個の場合を考え，石の総数と最後に残る石の番号との間に関係がないか調べよ．

参考文献

和算に関する参考文献は枚挙にいとまがないほど多い．そのいくつかを挙げておく．

・佐藤健一，小寺裕『和算史年表』，東洋書店，2002.
・平山諦『和算の歴史　その本質と発展』，ちくま学芸文庫，2007.
・深川英俊，ダン・ペドー『日本の幾何――何題解けますか？』，森北出版，1991.
・藤原松三郎『明治前日本数学史』，全5巻，岩波書店，2008.
・三上義夫『文化史上より見たる日本の数学』，岩波文庫，1999.
・佐藤賢一『近世日本数学史』，東京大学出版会，2005.
・上野健爾 他『関孝和論序説』，岩波書店，2008.
・佐藤健一監修『和算の事典』，朝倉書店，2009.
・吉田光由『塵劫記』，岩波文庫，1977.
・川本亨二『江戸の数学文化』，岩波科学ライブラリー，1999.
・西田知己『江戸の算術指南―ゆっくりたのしんで考える―』，研成社，1999.
・鈴木武雄『和算の成立』，恒星社厚生閣，2004.
・小寺裕『和算書「算法少女」を読む』，ちくま学芸文庫，2009.
・藤井康生『最上流算法天生法指南（全5巻）問題の解説』，大阪教育図書，1997.
・和算研究所（編）『和算百科』，丸善出版，2017.
・上野健爾『和算への誘い』，平凡社，2017.
・佐々木力『日本数学史』，岩波書店，2022.
・小川束『和算』，中公選書，2021.

全般にわたる参考文献

各章末に文献目録を付けておいたが，ここではそれら以外に全般にわたる日本語文献を挙げておく．

・安藤洋美『高校数学史演習』，現代数学社，1999.
・伊東俊太郎，原亨吉，村田全『数学史』，筑摩書房，1975.
・ヴィクター・カッツ『カッツ数学の歴史』(上野健爾・三浦伸夫監訳)，共立出版，2005.
・近藤洋逸『数学の誕生　古代数学史入門』，現代数学社，1977.
・近藤洋逸『近藤洋逸数学史著作集』5 巻，日本評論社，1994.
・佐々木力『数学史入門　微分積分学の成立』，筑摩書房，2005.
・佐々木力『数学史』，岩波書店，2010.
・村田全『日本の数学西洋の数学　比較数学史の試み』，中央公論社，1992.
・『Oxforf 数学史』(斎藤憲・三浦伸夫・三宅克也監訳)，共立出版，2014.
・クリフォード・ピックオーバー『ビジュアル数学全史』(根上生也・水原文訳)，岩波書店，2017.
・A.オスターマン，G.ヴァンナー『幾何教程』(上・下)(蟹江幸博訳)，丸善出版，2017.
・E.ハイラー，G.ヴァンナー『解析教程』(上・下) 新装版 (蟹江幸博訳)，丸善出版，2012.
・エミール・ノエル (編)『数学の夜明け』(辻雄一訳)，森北出版，1997.
・数学セミナー編集部 (編)『100 人の数学者』，日本評論社，2017.
・メルツバッハ&ボイヤー『数学の歴史』I-II (三浦伸夫・三宅克哉監訳)，朝倉書店，2018.
・J.ステドール『数学の歴史』(三浦伸夫訳)，丸善出版，2020.
・三浦伸夫『文明のなかの数学』，現代数学社，2021.
・三浦伸夫『数学者たちのこころの中』，NHK 出版，2021.

図版出典

p. 12 左 …『リンド数学パピルス：古代エジプトの数学』（吉成薫訳），朝倉書店，2006，問題 24.

p. 12 右 … R. A. Parker, *Demotic Mathematical Papyri*, London, 1972, plate 24.

p. 22 …『リンド数学パピルス：古代エジプトの数学』（吉成薫訳），朝倉書店，2006，問題 56.

p. 24 …『リンド数学パピルス：古代エジプトの数学』（吉成薫訳），朝倉書店，2006，問題 50.

p. 25 …『リンド数学パピルス：古代エジプトの数学』（吉成薫訳），朝倉書店，2006，問題 48.

p. 33 … カジョリ『初等数学史』（上）（小倉金之助補訳），共立出版，1970, p. 12.

p. 34 … James Cow, *A Short History of Greek Mathematics,* New York, 1968, p. 50.

p. 43 … 近藤洋逸『数学の誕生』，現代数学社，p. 205.

p. 68 … ダニエル・ジャカール『アラビア科学の歴史』（遠藤ゆかり訳）, p. 59.

p. 70 上 … A. Djebbar, *Une histoire de la science arabe,* Paris, 2001, p. 233.

p. 70 下 … 李迪『中国の数学通史』（大竹茂雄・陸人瑞訳），森北出版，2002, p. 134.

p. 72 … イフラー『数字の歴史』（松原秀一，彌永昌吉監修），平凡社, 1988，p. 382.

p. 75 上 … J. L. Berggren, *Episodes in the Mathematics of Medieval Islam,* New York, 1986, p. 34.

p. 75 下 … Berggren, *op. cit.,* p. 37.

p. 86 … Muhammed ibn-Musa al-Jwarizmi, *El libro del Álgebra,* 2009, *n. p.,* p. 90.

p. 90 … Berggren, *op. cit.,* p. 118.

p. 98 … *Actes du 7ème colloque Maghrébin sur l'histoire des mathématiques arabes,* Marrakech, 2002, p. 89.

p. 106 … Parma, Biblioteca Palatina, 2769 : B., Barry Levy, *Planets, Potions and Parchments,* Montreal & Kingston, 1990, p. 38.

p. 108 … M. Clagett *et al.* (eds.), *A Twelfth-Century Europe and the Foundations of Modern Society,* Madison: Wisconsin, 1961, fig. 9.

p. 118 … ダンラップ『黄金比とフィボナッチ数』(岩永恭雄・松井講介訳), 日本評論社, 2003, p. 46.

p. 121 … E. Giusti (ed.), *Un Ponte sul Mediterraneo,* Firenze, 2002, p. 123.

p. 127 … カジョリ『初等数学史』(上)(小倉金之助補訳), 共立出版, 1970, p. 56.

p. 129 … F. Franci and L. Toti Rigatelli, "Towards a History of Algebra from Leonardo of Pisa to Luca Pacioli" *Janus* 72 (1985), p. 68.

p. 197 … ウェストフォール『アイザック・ニュートン』上(田中一郎・大谷隆昶訳), p. 135.

学習課題の解答

第１章

(1)　$2=\dfrac{12+1+6}{12}+\dfrac{3}{12}+\dfrac{2}{12}$ と分解.

$$\frac{2}{19}=\frac{1}{19}\cdot\frac{19}{12}+\frac{1}{19}\cdot\frac{3}{12}+\frac{1}{19}\cdot\frac{2}{12}=\frac{1}{12}+\frac{1}{76}+\frac{1}{114}$$

$\left(\dfrac{2}{19}=\dfrac{1}{190}+\dfrac{1}{10}\right.$ とも分解できるが，190>114 なので『リンド・パピルス』では分母の小さい上の式が選ばれたようである$\Big)$

(2)

✓	1	28
✓	2	56
	4	112
✓	8	224
✓	16	448
✓	32	896

よって　28×59=1652

	1	8
✓	2	16
	$\bar{2}$	4
✓	$\bar{4}$	2
✓	$\bar{8}$	1

よって　$19\div8=2\bar{4}\bar{8}$

(4)　𓂭𓂭𓂭𓂭𓂭𓆼𓆼𓎆𓎆𓎆𓏺

第２章

(1)　$\overset{\lambda}{\mathrm{M}}{,}\alpha\phi$ϙ$\eta$

第３章

(2)　定義１（第一界）は「點者，無分」とある.

第４章

(1)　息子：娘（2 人）：母親 =4：4：1

(2)

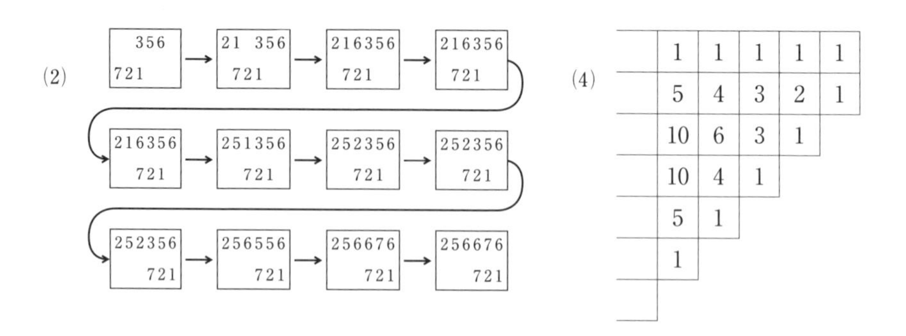

(4)

	1	1	1	1	1
	5	4	3	2	1
	10	6	3	1	
	10	4	1		
	5	1			
	1				

第5章

(1) **$x^2=ax+b$ のタイプ**

$AC=CD=x$, $GD=a$ とし，長方形 $BAEG=b$ とする．EC の中点を H とし，EH を一辺とする正方形 KEHI をとる．このとき，『原論』 II-5 より，

長方形 KL＝ 長方形 BN

ここで $AN+KL=AN+BN=b$

よって $AN+KL+EI=b+\left(\frac{a}{2}\right)^2$

また $AN+KL+EI=$ 正方形 $AL=\left(x-\frac{a}{2}\right)^2$

よって $\left(x-\frac{a}{2}\right)^2=b+\left(\frac{a}{2}\right)^2$ $\quad\therefore\quad x-\frac{a}{2}=\sqrt{b+\left(\frac{a}{2}\right)^2}$ （図より $x>\frac{a}{2}$）

$\therefore\quad x=\frac{a}{2}+\sqrt{b+\left(\frac{a}{2}\right)^2}$

$x^2+b=ax$ のタイプ

$x<\frac{a}{2}$ のとき，

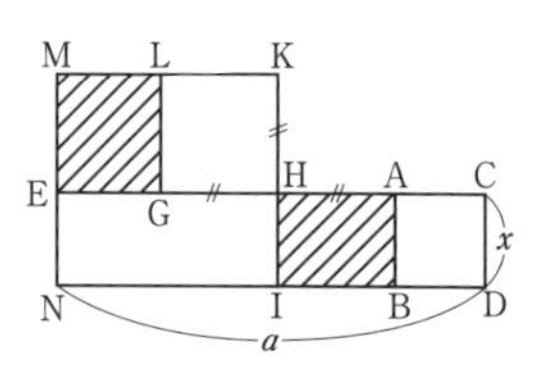

$AC=CD=x$，長方形 $NBAE=b$ とすると，$x^2+b=ax$ から，$ND=a$ となる．I を ND の中点とし，正方形 NIKM を描く．このとき

$$\mathrm{AH}=\mathrm{HK}=\frac{a}{2}-x.$$

HE 上に HG＝AH なる G をとると，GHKL は正方形である．『原論』Ⅱ-6 より，

長方形 IBAH＝ 長方形 EGLM.

よって，正方形 GHKL＝ 正方形 NIKM－長方形 NIHE－長方形 EGLM

＝ 正方形 NIKM－長方形 NIHE－長方形 IBAH

$=\left(\frac{a}{2}\right)^2-$長方形 NBAE$=\left(\frac{a}{2}\right)^2-b$

よって $\left(\frac{a}{2}-x\right)^2=\left(\frac{a}{2}\right)^2-b$　　$\therefore$　$\frac{a}{2}-x=\sqrt{\left(\frac{a}{2}\right)^2-b}$　　($x<\frac{a}{2}$ なので)

$\therefore$　$x=\frac{a}{2}-\sqrt{\left(\frac{a}{2}\right)^2-b}$　　　$x>\frac{a}{2}$ のときは略.

(2)　$x^2+y^2=r^2$ において，$x=a$（ただし $0<a<r$）で円を切断し，二つの切片を x 軸を中心に回転させたとき，小さいほうの体積と球全体の比を $b:1$ とする．このとき　$\pi\int_a^r(r^2-x^2)dx=\frac{4}{3}\pi r^3\cdot b$　ここから $a^3-3r^2a+(2r^3-4r^2b)=0$.

この a は $x^3+r=qx$ なる 3 次方程式の解となる.

(3)　$x^3=qx+r$ のとき，次数を等しくして，$x^3=b^2x+c^3$ とする．このとき $x(x^2-b^2)=c^3$ より $y=x^2-b^2$ とおくと，

$xy=c^3$（双曲線）と $y=x^2-b^2$（放物線）の交点が求めるもの.

同様にして $x^3=px^2+r$ は，$xy=c^3$，$y=x^2-ax$ の交点，

$x^3+qx+r=px^2$ は，$xy=a(y-b^2)-c^3$，$y=x^2+b^2$ の交点.

(4)

x^2	x	1	x^{-1}	x^{-2}	x^{-3}	x^{-4}
	$\frac{10}{3}$	$-\frac{20}{3}$	$\frac{110}{6}$	$-\frac{110}{3}$	$\frac{220}{3}$	
20	 6	30 12				
	-40	30 6	 12			
		110	 6	 12		
			-220	 6	 12	
				440	 6	 12
					-880	

よって $\frac{10}{3}x-\frac{20}{3}+\frac{55}{3}x^{-1}-\frac{110}{3}x^{-2}+\frac{220}{3}x^{-3}$.

第６章

(2) 雌ブタ，母ブタ，子ブタの頭数をそれぞれ x，y，z とすると，

$$\begin{cases} x+y+z=100 \\ 10x+5y+\frac{1}{2}z=100. \end{cases}$$

ここから $19x+9y=100$ を導く．x, y は頭数なので，$x=1$, $y=9$．このとき $z=90$.

(4) $\sum_{i=0}^{\infty}\frac{1}{2}\cdot\left(\frac{1}{2}\right)^{i}+\frac{3}{4}\cdot\sum_{i=0}^{\infty}\frac{1}{2}\cdot\left(\frac{1}{2}\right)^{i}=\frac{1}{2}+\frac{3}{8}+\frac{1}{4}+\frac{3}{16}+\frac{1}{8}+\frac{3}{32}+\cdots=\frac{7}{4}$.

第７章

(2)
$$\begin{aligned} 1:22,\ 07,\ 42,\ 33,\ 04,\ 40&=1+\frac{22}{60}+\frac{7}{60^2}+\frac{42}{60^3}+\frac{33}{60^4}+\frac{4}{60^5}+\frac{40}{60^6} \\ &=1.36880810785. \end{aligned}$$

これは小数第 10 位まで正しく，60 進分数表記の場合は，最後の 40 が $1\frac{1}{2}$ だけ小さければより正確である．

(4) ① $131\frac{79}{91}$ フローリン　② $23\frac{1}{9}$ デナロ　③ $11\frac{1}{9}$，$8\frac{8}{9}$

④ 2^{63} 粒　⑤ 50 ブラキア　⑥ $16\frac{5}{8}$　⑦ $5+\sqrt{5}$，$5-\sqrt{5}$

第８章

(1) カルダーノの公式を用いると $\sqrt[3]{\sqrt{325}+18}-\sqrt[3]{\sqrt{325}-18}$.

ボンベリの方法を用いるため

$$\begin{cases} \sqrt[3]{\sqrt{325}+18}=\sqrt[3]{5\sqrt{13}+18}=\sqrt{a}+b & \cdots\cdots① \\ \sqrt[3]{5\sqrt{13}-18}=\sqrt{a}-b \end{cases}$$

とおく．a，$b>0$．辺々掛けて $1=a-b^2$　∴　$a=1+b^2$　……②

①を 3 乗して $5\sqrt{13}+18=(a+3b^2)\sqrt{a}+(3ab+b^3)$ より

$$\begin{cases} (a+3b^2)\sqrt{a}=5\sqrt{13} & \cdots\cdots③ \\ 3ab+b^3=18 & \cdots\cdots④ \end{cases}$$

②を④に代入して $3(1+b^2)b+b^3=18$　　$b^3+\frac{3}{4}b=\frac{9}{2}$.

解は1と2の間にあることを見出し，分母に4や2があると想像して，試行錯誤でこれを解くと $b=\frac{3}{2}$（他は複素数となり不適）

よって　$a=1+\left(\frac{3}{2}\right)^2=\frac{13}{4}$

$\therefore\quad \sqrt[3]{\sqrt{325}+18}-\sqrt[3]{\sqrt{325}-18}=\left(\frac{\sqrt{13}}{2}+\frac{3}{2}\right)-\left(\frac{\sqrt{13}}{2}-\frac{3}{2}\right)=3$

(3)　$\sqrt{108}\pm10=6\sqrt{3}\pm10=(\sqrt{3}\pm1)^3$ なので $x=(\sqrt{3}+1)-(\sqrt{3}-1)=2$.

(4)　$x^4+6x^2+36=60x$ より，$x^4=-6x^2+60x-36$.

両面に $2ax^2+a^2$ を加えて，$(x^2+a)^2=(-6+2a)x^2+60x+(a^2-36)$.

右辺が完全平方式となるには，$30^2-(-6+2a)(a^2-36)=0$.

$\therefore\quad a^3-3a^2-36a-342=0$.

ここで $a=y+1$ とおくと，$y^3=39y+380$.

カルダーノの公式により y を求め，さらに a を求めると，

$$a=\sqrt[3]{190+\sqrt{33903}}+\sqrt[3]{190-\sqrt{33903}}+1.$$

このとき，もとの式は次のように表せる．

$$(x^2+a)^2=\left(\sqrt{-6+2a}\,x+\frac{30}{\sqrt{-6+2a}}\right)^2.\quad \therefore\quad x^2+a=\sqrt{-6+2a}\,x+\frac{30}{\sqrt{-6+2a}}.$$

これは2次方程式なので解くことができる．

第9章

(2)　1.　$14x+15=71$.　　2.　$20x-18=102$.　　3.　$26x^2+10x=9x^2-10x+213$.

4.　$19x+192=10x^2+108-19x$.　　5.　$18x+24=8x^2+2x$.

6.　$34x^2-12x=40x+480-9x^2$.

第10章

(3)　$y=\mathrm{Bog}\,x$ とすると $x=(1+10^{-4})^{10^4y}$.

よって $\log x=10^4y\log(1+10^{-4})$ より，$y=\frac{\log x}{10^4\log(1+10^{-4})}$.

ここから $\dfrac{1}{10^4\log(1+10^{-4})}=a$ とおくと，$\mathrm{Bog}\,x=a\log x$.

さて $\mathrm{Bog}\,xy=a\log xy=a(\log x+\log y)=\mathrm{Bog}\,x+\mathrm{Bog}\,y$.

また $\mathrm{Bog}\,x^{\alpha}=a\log x^{\alpha}=\alpha a\log x=\alpha\,\mathrm{Bog}\,x$.

(4) $\mathrm{Nog}\,\dfrac{x}{y}=v\log\dfrac{v}{\left(\dfrac{x}{y}\right)}=v\log\left(\dfrac{v}{x}\cdot\dfrac{y}{v}\cdot\dfrac{v}{1}\right)=\mathrm{Nog}\,x-\mathrm{Nog}\,y+\mathrm{Nog}\,1$.

第 11 章

(1) $f(x)=\sqrt{x}$ より $\dfrac{\sqrt{\alpha+e}}{\sqrt{\alpha}}\cong\dfrac{t+e}{t}$. 等号にして平方すると，

$\dfrac{\alpha+e}{\alpha}=\dfrac{t^2+2te+e^2}{t^2}$.　　$\therefore$　$t=2\alpha$　(e^2 は小さいので無視する)

(2) $f(x)=x^{\frac{3}{2}}$ は $x=x_0$ で重解を持つことから，

$\{f(x)\}^2+(v-x)^2-n^2=(x-x_0)^2(x+a)$ とおける．係数比較して，$a-2x_0=1$, $-2v=-2ax_0+{x_0}^2$. 第 1 式を第 2 式に代入して $-2v=-2(1+2x_0)x_0+{x_0}^2$.

$\therefore$　$v=\dfrac{3}{2}{x_0}^2+x_0$.

よって法線影は $v-x_0=\dfrac{3}{2}{x_0}^2$.

第 12 章

(3)

	$6x^3-2x^2+(5y+3y^2)x$	$3xy^2+5xy+(6x^3-2x^2)$
掛ける	$\dfrac{3\dot{x}}{x}$　$\dfrac{2\dot{x}}{x}$　$\dfrac{\dot{x}}{x}$	$\dfrac{2\dot{y}}{y}$　$\dfrac{\dot{y}}{y}$　0
	$18\dot{x}x^2-4\dot{x}x+(5y+3y^2)\dot{x}$	$6x\dot{y}y+5x\dot{y}$

	$2\dot{x}x^2\ -\ 5\dot{x}x\ +\ 6\dot{x}y$	$5\dot{y}y\ +\ 6x\dot{y}$
割る	$\dfrac{3\dot{x}}{x}$　$\dfrac{2\dot{x}}{x}$　$\dfrac{\dot{x}}{x}$	$\dfrac{2\dot{y}}{y}$　$\dfrac{\dot{y}}{y}$
	$\dfrac{2}{3}x^3\ -\ \dfrac{5}{2}x^2\ +\ 6xy$	$\dfrac{5}{2}y^2\ +\ 6xy$

ここで2度でてくる $6xy$ のうち一つを省いて $\frac{2}{3}x^3-\frac{5}{2}x^2+\frac{5}{2}y^2+6xy$.

(4)

	1						
$\frac{y}{a}$	$*$	$\frac{x}{a}$	$+\ \frac{x^2}{2a^2}$	$+\ \frac{x^3}{2a^3}$	$+\ \frac{x^4}{2a^4}$	$+\ \frac{x^5}{2a^5}$	$+\ \cdots$
$\frac{xy}{a^2}$	$*$	$*$	$\frac{x^2}{a^2}$	$+\ \frac{x^3}{2a^3}$	$+\ \frac{x^4}{2a^4}$	$+\ \frac{x^5}{2a^5}$	$+\ \cdots$
$\frac{x^2y}{a^3}$	$*$	$*$	$*$	$\frac{x^3}{a^3}$	$+\ \frac{x^4}{2a^4}$	$+\ \frac{x^5}{2a^5}$	$+\ \cdots$
$\frac{x^3y}{a^4}$	$*$	$*$	$*$	$*$	$\frac{x^4}{a^4}$	$+\ \frac{x^5}{2a^5}$	$+\ \cdots$
$\frac{x^4y}{a^5}$	$*$	$*$	$*$	$*$	$*$	$\frac{x^5}{a^5}$	$+\ \cdots$
	1	$+\ \frac{x}{a}$	$+\ \frac{3x^2}{2a^2}$	$+\ \frac{2x^3}{a^3}$	$+\ \frac{5x^4}{2a^4}$	$+\ \frac{3x^5}{a^5}$	$+\ \cdots$

$$\therefore\quad y=x+\frac{x^2}{2a}+\frac{x^3}{2a^2}+\frac{x^4}{2a^3}+\frac{x^5}{2a^4}+\frac{x^6}{2a^5}+\cdots.$$

(5) $\sqrt{2}=1+p$ より平方して $2=1+2p+p^2$. よって $p=\frac{1}{2}-\frac{1}{2}p^2$. p^2 の項を無視して $p\fallingdotseq\frac{1}{2}$. よって $p=\frac{1}{2}+q$ と置き，もとの式に代入すると，$\sqrt{2}=1+\frac{1}{2}+q$. よって $\sqrt{2}=\frac{3}{2}+q$. これを平方して，$q=-\frac{1}{12}-\frac{1}{3}q^2$. q^2 の項を無視して $q=-\frac{1}{12}$. よって $p=\frac{1}{2}-\frac{1}{12}+r$ と置き，もとの式に代入する．この操作をくり返す.

第13章

(1) 半円 $y=\sqrt{2x-x^2}$ を用いる．このとき $\frac{dy}{dx}=\frac{1-x}{y}$.

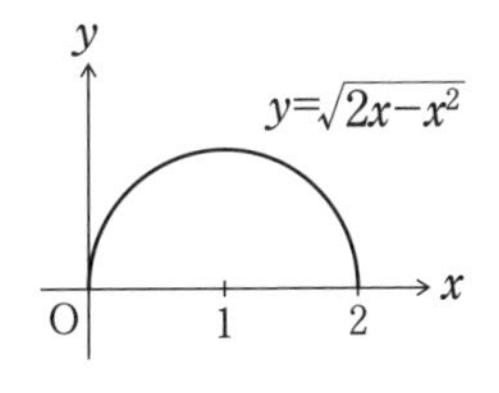

また z を接線の y 切片とすると，接線は

$$y=\frac{dy}{dx}(x-0)+z.$$

$$\therefore\quad z=y-x\frac{dy}{dx}=y-x\frac{(1-x)}{y}=\sqrt{\frac{x}{2-x}}.$$

このとき $x=\dfrac{2z^2}{1+z^2}$ となる．

さて4分円に面積変換定理を用いると，

$$\frac{\pi}{4}=\int_0^1 ydx=\frac{1}{2}\left([xy]_0^1+\int_0^1 zdx\right)=\frac{1}{2}\left\{\left[x\sqrt{2x-x^2}\right]_0^1+\int_0^1 zdx\right\}$$

$$=\frac{1}{2}\left(1+\int_0^1 zdx\right)=\frac{1}{2}\left\{1+\left(1-\int_0^1 xdz\right)\right\}\ (\text{図より})$$

$$=1-\frac{1}{2}\int_0^1 xdz=1-\frac{1}{2}\int_0^1\frac{z^2}{1+z^2}dz$$

$$=1-\int_0^1 z^2(1-z^2+z^4-z^6+\cdots)dz$$

$$=1-\left[\frac{z^3}{3}-\frac{z^5}{5}+\frac{z^7}{7}-\cdots\right]_0^1=1-\frac{1}{3}+\frac{1}{5}-\frac{1}{7}+\cdots.$$

よって，$\dfrac{\pi}{4}=1-\dfrac{1}{3}+\dfrac{1}{5}-\dfrac{1}{7}+\cdots.$

$\int_0^1 xdz$　$\int_0^1 zdx$

$z=\sqrt{\dfrac{x}{2-x}}$ $(0\leqq x\leqq 1)$ のグラフ

(3)　$d(xy)=xdy+ydx$ より $d\left(y\cdot\dfrac{1}{y}\right)=yd\left(\dfrac{1}{y}\right)+\dfrac{1}{y}dy.$

よって $yd\left(\dfrac{1}{y}\right)+\dfrac{1}{y}dy=0.$　　$\therefore$　$d\left(\dfrac{1}{y}\right)=-\dfrac{1}{y^2}dy.$

ここから $d\left(\dfrac{x}{y}\right)=xd\left(\dfrac{1}{y}\right)+\dfrac{1}{y}dx=x\left(-\dfrac{1}{y^2}dy\right)+\dfrac{1}{y}dx=\dfrac{ydx-xdy}{y^2}.$

第14章

(4)

	5	1	8	
1	5	1	8	
2	1/0	2	1/6	→1036
3	1/5	3	2/4	
4	2/0	4	3/2	→2072
5	2/5	5	4/0	
6	3/0	6	4/8	
7	3/5	7	5/6	→3626
8	4/0	8	6/4	
9	4/5	9	7/2	

```
 274
1036
 3626
  2072
141932
```

第 15 章

(2)

| 甲乙 五
| 三巾

三╲ 甲乙 二
 ╲ 再再

╲ 甲乙 七
 ╲ 巾

八
| 一
| 五

（3 乗は再，4 乗は三となることに注意！）

(4)

総数	2	3	4	5	6	7	8	9	10	11	12	13	14	15
最後の番号	1	2	4	4	2	5	7	8	8	7	5	2	12	7

索引

●配列は五十音順

●か　行

●さ　行

●な　行

●は　行

●ま　行

●や 行

●ら 行

●わ 行

著者紹介

三浦　伸夫（みうら・のぶお）

1950年　愛媛県生まれ
1975年　名古屋大学理学部数学科卒業
1982年　東京大学大学院理学研究科科学史・科学基礎論専攻博士課程単位取得退学，神戸大学大学院国際文化学研究科教授を経て
現在　神戸大学名誉教授
専攻　科学史

著書　『古代エジプトの数学問題集を解いてみる』（NHK 出版，2012）．
『フィボナッチ―アラビア数学から西洋中世数学へ』（現代数学社，2016）．

共著　『エウクレイデス著作集』第１巻（東京大学出版会，2008）
『数学の歴史』第２巻中世の数学，（共立出版，1987）．
『文系のための線形代数・微分積分』（実教出版，2011）．

翻訳　ギンディキン『ガウスが切り開いた道』（シュプリンガー・フェアラーク・東京，1996）．
ギンディキン『ガリレイの世紀』（シュプリンガー・フェアラーク・東京，1996）．
マードック『世界科学史百科図鑑１　古代・中世』（原書房，1994）．
共訳『ライプニッツ著作集』第 2-3 巻（工作舎，1996-98）．
共訳『デカルト　数学・自然学論文集』（法政大学出版会，2018）．

放送大学教材　1562932-1-1911（テレビ）

改訂版　数学の歴史

発　行　　2019年3月20日　第1刷
　　　　　2022年7月20日　第2刷
著　者　　三浦伸夫
発行所　　一般財団法人　放送大学教育振興会
　　　　　〒105-0001　東京都港区虎ノ門1-14-1　郵政福祉琴平ビル
　　　　　電話　03（3502）2750

市販用は放送大学教材と同じ内容です。定価はカバーに表示してあります。
落丁本・乱丁本はお取り替えいたします。

Printed in Japan　ISBN978-4-595-31963-1　C1341